心智简史

熊明宝　著

深圳出版社

图书在版编目（CIP）数据

心智简史 / 熊明宝著. -- 深圳 : 深圳出版社,
2023.11
ISBN 978-7-5507-3876-8

Ⅰ.①心… Ⅱ.①熊… Ⅲ.①认知科学—研究 Ⅳ.
①B842.1

中国国家版本馆CIP数据核字(2023)第123120号

心智简史

XIN ZHI JIAN SHI

出 品 人　聂雄前
责任编辑　陈　嫣
责任技编　梁立新
责任校对　彭　佳
封面设计　龙墨文化 0755-83461000

出版发行　深圳出版社
地　　址　深圳市彩田南路海天综合大厦（518033）
网　　址　www.htph.com.cn
服务电话　0755-83460239（邮购、团购）
设计制作　深圳市龙墨文化传播有限公司（0755-83461000）
印　　刷　深圳市希望印务有限公司
开　　本　787mm×1092mm　1/16
印　　张　16.25
字　　数　275千
版　　次　2023年11月第1版
印　　次　2023年11月第1次
定　　价　68.00元

引言　这个话题想说些什么

第一章　心智诞生之前的生命世界

第二章 心智的沃土——生命的反映

第三章 心智的种子——动物的感觉

第四章 心智的诞生——高级动物的意识

第五章　心智的升华 —— 智人的智能

第六章　智能活动现象

第七章　心智竟然是一种物质

第八章 重新认识生命和世界

第九章 心智的未来

结语 物质的法则及其他

引言　这个话题想说些什么

　　心智，是指通过生物反应而实现动因的能力总和。心智不单指智慧和智能，还包括心理和意识。心智与我们朝夕相伴，但带来的疑问也最多。

　　比如，只有人类才有意识吗？聪明可爱的宠物狗，难道没有意识，没有心理活动？

　　比如，人为什么会做梦？动物会不会做梦呢？梦到底是怎么回事？

　　比如，有些意识内容明显是不科学的，例如宗教意识，为什么有些人宁可放弃生命也要死抱着这些不科学的意识不放呢？这到底是个什么心理？

　　又比如，智能从何而来，我们怎么就有了智能？

　　再比如，智能和意识是什么关系？假设一些动物有意识，那么这些动物会不会有智能呢？

　　还有，2021年4月，马斯克[①]宣布在他的实验室里，大脑植入了芯片的恒河猴似乎成了"通灵猴"，它竟然可以通过意念来玩"打乒乓球"游戏。该怎么看待这项成果呢？

　　…………

　　可以说，心智领域就像一片"蓝海"，未知远大于已知。

　　进入正题之前，先交代几个基础概念。如果对基础概念能有些共识，那么歧义就会减少。探讨争议很大的心智话题，歧义不可避免，但还是要努力使之减少。

---

① 为使阅读流畅，本书称呼人名时，适用从简原则。当写明姓氏歧义不大时，只写明姓氏，如马斯克；当只写姓氏歧义较大时，则补充名字，如罗曼·罗兰。

001　心智是什么①

第一个基础概念就是心智。心智包括意识和智能。

什么是意识？教科书上说，"意识是人脑对客观事物的主观反应"。可以看出，这个传统定义认为除人之外，其他生命都是没有意识的。那么，难道只有人，才具有意识？意识只存在于人脑？

日常观察中，人们亲眼看见待宰的老耕牛，流下浑浊的老泪。养宠物的人，也能发现宠物狗不仅具有很强的情感互动能力②，而且很能领会主人的意图。为什么说老耕牛没有意识呢？为什么说狗脑里就一定没有意识呢？如果说老耕牛、宠物狗是家养动物，没有说服力的话，那么狮子从下风口接近猎物，蜘蛛从上风口放飞蛛丝，这些纯野生的动物的行为，是不是有意识的呢？

一些人认为只有人，才具有意识。假设退一步，勉强接受家养动物老耕牛和宠物狗也有意识。我们还能再退一步，接受野生狮子也有意识吗？我们还能再退两步，接受昆虫蜘蛛也有意识吗？

什么是智能？智能就是智慧和能力。一般认为，我们的直系祖先智人发展出了智能，只有智人和现代人有智能。所有除人以外的动物，甚至是智人之外的其他人种，都没有智能。

穴蚁蛉（沙牛、蚁狮）幼虫能制造漏斗状陷阱，以诱捕猎物。狮群会互相配合，"设计"最佳伏击路线。这些看起来很聪明的动物，会不会具有智能呢？为什么我们的旁系祖先，例如能人和直立人，就没有智能呢？智能到底从何而来？都是动物，为什么独独我们就具有了智能？

显然，心智领域有着太多的疑问，等着我们去穷源溯流，弄个明白。

---

① 本书采用节段编排，以数字标明节段，配以简短的文字标明该节段的核心内容。下同。本书共125个节段。这是第001个节段。

② 一般认为，意识包含知、情、意三个方面，情感互动属于情的方面，当然也属于意识。

002 不同学科的物质概念

不同学科，对物质的理解是不同的。生命科学的物质概念就是指生物物质，例如细菌、树叶、指甲。生物学的物质概念扩充到指有机物质，例如碳水化合物、生物大分子。化学的物质概念除了有机物，还包含无机物，例如各种盐类。物理学的物质概念，不仅包括了以上提到的所有实物物质，还包括非实物物质，例如能量、作用力。

不太好理解的，是哲学的物质概念。这个概念来源于拉丁语substantia，本义是实存（reality），包含了存在（being）和实在（existence）两层含义。辩证唯物论认为，物质标志着客观实在，是各种实物的总和，是不依赖于意识的客观存在物。简而言之：哲学的物质概念比以上学科更为广阔，它泛指一切实存。如图1。

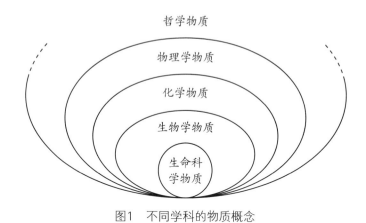

图1 不同学科的物质概念

003 实物物质与非实物物质

实物物质概念很容易接受，看得见、摸得着、闻得到的，就是实物物质。但要定义实物物质，显然不能如此模糊处理。物理学认为，实物物质就是静止质量不等于零的实存，实物物质由实物粒子构成。

非实物物质的主体是能量，能量是对物质运动转换的度量。电、磁、光、波等能量，当然是非实物物质。还有一部分非实物物质，如热、力、场、势等，是能量派生的。只有少部分的非实物物质，如时间、空间等，囿于目前的认识水平，还不能确定为能量。

由于实物物质必定有其静止质量，因此可以笼统地用"质"来指代实物物质。又由于非实物物质的主体是能量，因此可以笼统地用"能"来指代非实物物质。这样就有了"质能"这个词，质能就是实物物质和能量的统称。

现代物理学认为质能等价，特殊条件下质能还可以互相转化。例如核爆炸条件下，极少量的物质如铀和钚，可以转化为巨大的能量。

004　特殊属性，用于分类的"鸿沟"

一个事物，总存在许许多多的性质与关系。如形状、颜色、气味、善恶、优劣、用途等，都是事物的性质。大小、轻重、包含、压迫、反抗、敌友、矛盾等，都是事物的关系。事物的性质与关系，就是事物的属性。我们就是通过属性，尤其是特殊属性，来区别事物并对事物进行分类的。

分类，是认识事物的一个基本方法和途径。古代贤哲庄子说"（接）万物以别宥为始"，意译为现代文就是"分门别类是认识万事万物的出发点"。**分类，就是要在事物之间划下一道"鸿沟"，特殊属性就是将事物分类的"鸿沟"。**

第一章　心智诞生之前的生命世界

探讨复杂的心智话题，很容易心智混乱，因而一定要有点逻辑规划。本书的逻辑大体是：先介绍心智诞生之前的生命世界，接着说明初阶心智即意识是如何逐步诞生发展的，紧接着探讨智人是怎么进一步发展出高阶心智即智能的，最后展望一下心智的未来。

生命诞生之前，世界上是没有心智的。生命诞生之后，也不是立即就有心智的。生命一开始并不具有意识，更没有智能。生命的故事，恰好都发生在地球表面，我们从这里出发，一起看看生命的诞生和演化。

005　从中观世界出发

人类的认知能力和范围，是极其有限的。如果不借助观测工具，人类的认知范围恰好就是中观世界，也就是我们所生活的地表级世界。相应地，外太空星系级世界就是宏观世界，原子级、亚原子级世界就是微观世界。从衡量尺度来看，宏观世界以"光年"计量，中观世界以"米"计量，微观世界则是以"纳米"计量的。

千百年来，人类一直受到地表级世界的束缚。我们只能从中观世界出发，去探索宏观世界和微观世界。古时候，由于缺乏观测工具，人类对宏观世界和微观世界的探索，几乎全凭感觉和臆测，可谓知之甚少。

但人的核心优势，是能制造和使用工具。例如镜片，就是聪明人制造的一个观测工具，它延伸了我们的视觉，往宏观延伸是望远镜（缩小镜），往微观延伸是显微镜（放大镜）。在镜片发明之前，微观上，人们不知道细菌、细胞、病毒、染色体等；宏观上，人们也不知道星系、黑洞、暗物质、暗能量等。

借助工具，微观上现在可以获得原子级别的信息，宏观上看到了100多亿光年之远的景象。未来，人类会不会观测到粒子世界，或者看到宇宙的尽头呢？让我们拭目以待。

006 物质星球

地球诞生于46亿年前。在旋转和重力作用下，地核、地幔、地壳逐步形成，这就是地球圈层。

地球演化早期，原始大气都逃逸了。后来，地球内部的各种气体上升到地表，形成了一个还原性大气层。但此时地球气圈里，并没有氧气。

至于水，应该说类地行星都不缺水，但只有地球幸运地形成了水圈。

实际上，除岩石圈、水圈、气圈之外，地球还有一个广阔的电离层。在整个宇宙中，同时具有固态、液态、气态、电离子态这四个相态物质圈层的星球，除地球之外，目前还没有发现第二个。

007 "熬"出生命的"原始汤"

地球形成了这些物质圈层之后，紧接着，一个又一个惊心动魄的物质变化接踵而至。

第一个惊心动魄是地球降水的形成。原始地球的地表温度高于水的沸点，所以当时的水都以水蒸气的形态存在于大气之中。随着地表散热和地球内温降低，地面温度终于降到沸点以下，水蒸气冷却凝结成水。于是，倾盆大雨从天而降。降水在地表形成了江河、湖泊和海洋。降水同时将大气中的二氧化硫等带入海洋，化合成硫酸和其他酸类物质。酸类物质又和地壳中的物质及海底沉积物反应，形成硫酸盐等各种无机盐。

第二个惊心动魄是有机物的合成。那时，地球表面和气圈本身富含碳、甲烷、氨、氢等物质，现在液态水也有了，它们在有水的地方融汇成一锅有点寡淡的热"汤"，等待着神秘的点化。科学家认为，由于当时大气中无游离氧，自然也没有臭氧层，所以紫外线能直射到地表，成为合成有机物的能源。此外，火山爆发、宇宙射线，以及陨石穿过大气层时所引发的冲击波等，也都有助于有机物的合成。但对有机物的合成起到点石成金的效果的，还是雷电。因为雷电的能量较多，又在靠近水面的地方集中释放，它点化那锅"汤"，合成了地球最初的有机物质。有机物不断融入，使得这锅原本寡淡的"汤"慢慢浓郁起来。

有机物的合成并不是猜测，科学家为此做了实验验证。1953年，诺贝尔奖得主尤里，就将甲烷、氨、氢和水混合成"汤"，经过持续放电后，发现"汤"里生成了许多有机化合物，甚至出现了生命必需的成分——氨基酸。

一切都准备好了，就等着第三个惊心动魄，卢卡[①]的诞生。有机物合成后，原始海洋的有机物质慢慢累积。此时的海洋，不仅溶解了大量的无机盐，还有很多的有机物，所以说这锅"汤"更浓稠了。经过地球"文武火"（高温；辐射；雷电；火山，尤其是海底火山；其他作用如陨石轰击、地震冲击波等）长达10亿年的"熬煮"，大约36亿年前，这锅温热的浓"汤"终于发生了惊天巨变——第一个细胞卢卡在其间诞生了！

卢卡的诞生，标志着生命的诞生。所有的生命都由细胞构成，还没有发现非细胞生命（此处认为病毒不属于生命），因此生命也可以称作细胞生命。

另外，以上有关"汤"的一系列说法，就是解释生命诞生的**"原始汤"理论**。"原始汤"是生命之母，生命真是"汤母生"的。

008　地球为何如此幸运

正如一句话所说："出现生命的概率，就好像风把一堆零件刮上天空，零件掉下来的时候，刚好组装成一辆可以行驶的卡车的概率。"如此小概率的事件，为什么幸运地发生在地球呢？

首先，地球的岩石圈、水圈、气圈、磁场、臭氧层、电离层等实物物质和非实物物质大环境，有利于生命诞生。以水圈为例，地球是个水星球，这对生命的诞生极为有利。液态水，既有利于物质交换和传递，又有利于保护遗传物质。相较于液态水，固态物质虽然有利于保护遗传物质，但难以移动，很难进行物质的交换与传递；气态物质虽然有利于物质的交换与传递，但不利于保护遗传物质。相比之下，只有液态水最适合生命。

---

① 地球上所有生物的最后共同祖先，一个假设的单细胞，这个细胞被命名为卢卡（LUCA）。

其次，地球物质极为丰富。浩瀚宇宙以能为主（90%），质极其稀少（不到10%），但地球是个例外。地球是个实物物质星球，地球上有94种元素，占已知元素的80%，而且大部分能在近地表环境中找到。除了元素物质丰富之外，地球的物质交换还非常频繁。阳光、宇宙射线等，辐射着物质；风，吹动着物质；火山，喷发着物质；地震，振动着物质；降水、洋流、潮汐等，冲刷搬运着物质；太空陨石，带来着增量物质。这些都使得近地表物质交换和传递频繁、化合充分，产生了丰富的化合物。不仅交换频繁，而且还非常稳健。原始地球形成之后，其自转和公转都相当稳健，没有剧烈的起伏，黄赤交角也没有很大的变化，四季循环、昼夜更替，日复一日、年复一年。丰富的元素物质，频繁而稳健地交换和传递着，这对生命的形成至关重要。没有几亿年如一日的"文武火"慢炖的工夫，是不可能"熬"出生命来的。

最后，除了上述有利条件之外，地球生命的诞生，还要归功于一种不起眼的物质——碳。

009 碳基生命：没有活跃的碳，就没有生命

碳是生命的核心元素，以碳为框架形成的有机质是生命的基础物质。含碳化合物，是生物体中最普遍的物质，还没有发现完全不含碳的生物体。平均来看，碳元素物质的重量，占生命体干重的50%以上。因此，地球生命也称作碳基生命。

进一步，从物质组成上来看，所有生命体都具有基本相似的物质组成——由碳、氢、氧、氮、磷、硫、钙等20多种元素构成。其中，碳元素起着核心作用。

碳原子之间，以及碳原子与非碳原子之间，以共价键等形式相结合，形成大量化学性状不同的生物分子，包括核苷酸、葡萄糖、氨基酸等生物小分子，以及核酸、多糖、蛋白质和脂类等生物大分子。这些大小分子，成为构成生命的"水泥"和"砖块"。生物学已经证明，不论是小分子"水泥"，还是大分子"砖块"，其分子构成都以碳链为基本骨架。正是由于碳在组成生物分子中的核心作用，科学家才说"没有碳，就没有生命"。

碳，为什么如此活跃？这和碳的原子结构和性质有关。我们知道原子最外层

电子数等于4的，既容易失去电子也容易得到电子，此时该原子最容易以共价键的形式，与其他原子化合。碳元素的最外层电子数刚好就是4，这样碳原子就像有4只灵巧的小手，每一只手都可以去抓取其他物质原子，甚至可以抓取其他碳原子。

问题是，最外层电子数是4的，又不只是碳元素，碳族里的硅、锡和铅，最外层也是4个电子，凭什么碳元素的化合物最丰富？那是因为随着原子序数的增加，原子核对最外层电子的吸引能力也越来越弱。碳族里其他元素的电子层数都比碳多，因此它们对于最外层电子的控制能力，都不如碳。

可见，在元素周期表中，碳元素的化合能力最强，其化合物种类几乎是无限的。已经发现的碳的化合物，就高达数百万种之多。生命的演化，需要尽可能多的机会机遇，碳元素为生命提供了无穷无尽的可能；而且碳元素广泛存在于宇宙之中，这就奠定了碳元素成为生命基本元素的丰度基础。

010　生命的话题

现在是时候讨论生命了。什么是生命？通俗认为，有机生命就是生命。但要给生命下一个科学的定义，却是千百年来的一个难题，至今也没有完全解决。

一般认为，生命具有如下八个特征：1. 化学成分的同一性。生命的主要化学组成是相同或类似的，一般有六大类，即糖类、脂类、蛋白质、维生素、核酸、无机物。2. 具有严整有序的结构。这可以肉眼看到，也能通过显微镜观察。3. 具有新陈代谢。4. 具有应激性与运动性，即具有动力学性能。5. 具有稳态性。相对于外界，生命内在的环境呈现出稳定性，破坏稳定性就可能导致生命死亡。6. 具有生长发育能力。7. 具有繁殖、遗传和变异，以及进化的能力。8. 具有适应性。生命结构适应生命功能，生命结构和生命功能适应生存的物质环境。

011　一个细胞就能成活为一个生命

最初，生命以单个细胞的方式存活。单细胞生命统治自然界的时间，占生命史的85%。这一时期又可以分为以原核生物和真核生物分别占主体的两个阶段。

当然，不管是原核单细胞生命还是真核单细胞生命，它们都只有一个细胞。

原核生物，构建和扩张了第一个生态系统。原核生物是生命的最早期形式，年代久远，人们对原核生物界了解太少，因而争议也最多。有哪些争议呢？

第一个争议是，病毒算不算生命？这个问题，目前还没有定论。病毒发现很晚，至今也不过100多年。病毒比细菌还小，只能用纳米来度量，仿佛进入了生命的核子世界。但病毒的威力却尽人皆知，仿佛核弹。艾滋病毒、流感病毒、狂犬病毒，以及新冠病毒，都属此列。

病毒有其古老演化史，人们认为至少在卢卡诞生之时，病毒就相伴"纠缠"而生。为形象地说明病毒与细胞的关系，这里打三个比方。病毒就像是那锅"汤"里"熬"出来的"失败细胞"。病毒不是细胞体而更像是细胞碎片，一个细胞可以"碎"成几十万个病毒。病毒只有在细胞里才有活性，病毒就像是细胞世界里的"小淘气"，专门来给成功细胞"捣乱"的。

第二个争议是，氧气是单细胞生物带来的吗？研究表明，生命诞生之初并没有进化出光合作用的能力，早期生命呼吸的都是二氧化碳。一些光合细菌，虽然能进行较原始的光合磷酸化作用，但反应过程是不放氧的。

慢慢地，一种能固氮、能进行光合作用、过程中还能放氧的细菌进化出来，它使地球大气从无氧状态发展到有氧状态，从而孕育了一切好氧生物。它就是蓝绿菌，也是蓝藻的祖先。蓝绿菌菌体平均DNA含量高、DNA几乎裸露，因而可以连续高速复制。除此之外，蓝绿菌还能以出芽、断裂和复分裂等方式增殖。可以说，蓝绿菌简直就是"速生机器"。这导致蓝绿菌大量繁殖（可以想象"绿潮"等水华生态问题），产生大量氧气，于是地球氧气浓度逐渐上升。原来呼吸二氧化碳的生物，遭遇灭顶之灾，大部分都灭绝了。

原核生物的种类非常丰富。一方面，是因为多种多样的海洋物质环境，催发了多种多样的原核单细胞。另一方面，原核生物的细胞壁膜薄脆，遗传物质暴露，缺少核壳保护，这使其容易被侵入改写，从而频繁变异。

在自然界物质环境的驱动下，细胞核进化出来了，真核生物兴起。原核生物开始衰落，真核生物走向繁荣。此时，由真核生物构成的海水表层浮游生态系统和海滨底栖生态系统逐渐形成，出现了生命史上的第二次生态扩张。真核生物，从一开始就表现出了更明显、更突出的多样化趋势。生物的一大界别，以蘑菇为代表的真菌界就诞生并兴盛于此，蘑菇的多样性大家可以想象一下。当然，此时的真菌也停留在单细胞阶段，要想吃到多细胞真菌类的香菇、草菇、平菇、金针菇、松茸、木耳、银耳、灵芝……那还得再等亿万年。

012 复杂的多细胞生命

真核生物后期，海洋浓"汤"里充斥着古菌、病毒、细菌、真菌、单细胞生物，可以说是一锅生命之"汤"。请注意，此时生命都"泡"在海水里，淡水、陆地和空中是没有生命的。

此时，海洋生存环境变得复杂，竞争加剧，生命不可能总是坐等"汤"里慢慢"熬"出营养物质，它们必须主动"出击"。"出击"就需要进化出新的能力，这意味着细胞必须具备新的功能。解决之道，无非就是两条：要么单细胞的体积和质量变大，以容纳这些新功能物质；要么另辟蹊径，朝多细胞生命方向进化。单细胞体积和质量是有上限阈值的，细胞不可能无限变大[①]，因而多细胞生命成为进化的必然选项。

与此同时，因为原核生物的贡献，氧气增多，慢慢形成了臭氧层。这时，能庇护生命免受高能射线轰击的，除了海水之外，又增加了一个臭氧保护罩，从而为古生物从海洋水域扩张到淡水水域，甚至离开水域登陆上岸，进而飞跃天空创造了条件。这些生境从优到劣依次是：沿海滩涂湿地—入海河流湿地—陆地—天空。很明显，除海洋之外，其他生境也慢慢达到了生命生存的条件。在抢占新地盘的赛场上，具备动力学优势的生命，必然处于有利的竞争地位。

为获得动力学性能优势，生命不再是随波逐流的"模糊的一团"，向四面八方伸展的极性躯体结构开始显现。比如，生命开始显现上下（如背腹）极性结构，左右（如对称）极性结构，前后（如头尾）极性结构等。多细胞真菌开始显现"营养体—繁殖体"的极性结构，植物开始显现"根—茎—叶"的极性结构，动物开始显现"头—躯干—尾"的极性结构。以运动性能为例，生命要想从运动

---

① 自然界最大的细胞是卵细胞。未受精鸡蛋的蛋黄，就是一个卵细胞；一些巨型动物如鲸鲨的卵细胞，差不多有西瓜大小。

性能很差的随波逐流状态，进化出运动性能很强的自主运动状态，生命体就必须安排一部分细胞去专司运动，这就是肌细胞的由来。

细胞功能区分，或者说细胞分化，导致细胞从全能变成专才，一个全能细胞就能独自成活为一个生命体的时代式微，多个专才细胞协作构成生命体的时代登场。由单细胞生命到多细胞生命，是个非同凡响的进化。生命由一个细胞构成，发展到由两个细胞构成，再到由成千上万个细胞甚至是由百万亿个细胞构成。在此伟大历程中，首先登场的是植物，大约8亿年前又出现了动物。虽然此时的动植物与今天的动植物外形大相径庭，但它们内在的生命原理已经基本一样了。

总之，"汤"里"汤"外的物质环境，催生出了水生多细胞生命。就像"坐水牢"一样，生命在水里浸泡了20多亿年，终于积累起了足够的动力学性能，以及其他的生存扩张能力。大约4亿年前，水生多细胞生命开始向陆域和空域扩张。生命占领自然界海陆空的宏大历史画卷，也说明了生命进化史实际上就是一部生境扩张史，也是一部生命运动性能的竞技史。

为了获得竞争优势，生命展开了能力进化比赛，一系列令人叹为观止的能力出现了。例如，树木挺立的能力、藤蔓攀爬的能力、蜗牛爬行的能力、蜻蜓飞行的能力、鹰的视觉能力、狗的嗅觉能力等。这些能力，都是细胞功能区分的结果，得益于生命进化出的专才细胞。大约是12亿年前，生命开拓了这条新路，即第二条进化之路：进化出更多的功能，进化出更多的专才细胞。

显而易见，单细胞生命都是全能细胞。多细胞生命进化出专才细胞，生命开始出现器官、组织结构等。植物仍保留着较多的全能细胞，如未分解的原性细胞等，所以植物有很好的通用修复能力。例如在无菌环境下，一小片树叶就可以培育出树苗，现代化苗圃就是这么干的。动物的原性细胞大多已经分解，全能细胞较少，更多的是专才细胞，这些细胞已经丧失了通用修复能力。动物皮肤细胞再生能力较强，但我们很难用一小块皮肤培育出内脏器官来，就是这个道理。核辐射对动物的杀伤比对植物的杀伤大很多，归根结底是因为动物的细胞无法互相取代，少了任何一种细胞，对于动物而言都可能致命；而植物细胞可以互相取代，核辐射可以杀伤植物，但很难杀死植物。

为了有利于阐述后面的观点，这里必须打个埋伏，先单独说一说神经细胞。

013　神经细胞是极致特化的细胞

细胞分化的进化结果，就是在多细胞生命体内，开始出现专司某一功能的细胞。如，专司运动的肌细胞、专司营养的叶肉细胞、专司传送的导管细胞、专司生殖的卵细胞等。在这些功能细胞中，神经细胞是极致特化的专才细胞。神经细胞的进化形成，是生命史上的一个里程碑。

神经细胞，专司生物电化学信号的收集、传递和处理。单细胞生命只有一个细胞，它们不可能有神经细胞。神经细胞，最早出现在多细胞生命体内。动物体内有神经细胞，是肯定的。植物体内是否有神经细胞，目前还有一点点争论。

为什么多细胞生命会进化出神经细胞？这是因为物质环境迫使多细胞生命提升动力学性能，而神经细胞的专长就是提升生命的动力学性能。动物选择了这条进化之路，进化出了神经细胞，由此动物获得了自主移动能力。这一点，已得到生物学证明。

需要注意的是，动力学性能，不能狭隘地理解为运动，而应泛指生命表现出来的所有的应激能力和运动能力。质能流动，如摄取营养与排弃废物，是动力学性能；气体吐纳，如呼与吸，也是动力学性能。叶片触发闭合，是动力学性能；利爪收拢穿刺，也是动力学性能。纤毛摆动是动力学性能，四肢灵活也是动力学性能。追逐撕咬、展翅高飞，是动力学性能；潜伏深渊、冬眠地底，也是动力学性能。愣头愣脑、本能驱使，是动力学性能；老谋深算、头脑活络，也是动力学性能。甚至说，针扎蚯蚓，蚯蚓的剧烈翻滚是动力学性能；批评员工，员工的剧烈心理波动，也是动力学性能。

一般认为，动物的生命运动方式严重异于此前的生命，它必须自主移动以获得食物。要想获取食物，动物必须要对外界物质刺激做出快速反应，也就必须安排一部分细胞去专司信息的收集、传递和处理。又由于速度是第一位的，唯快不破嘛，因此什么信号传递速度快就朝什么方向进化。电信号是自然界最快的信号，因此神经细胞选择将各种信息转化为电信号，即神经电信号。这些都催生着神经物质和神经细胞在动物体内产生。

最早的神经细胞是单独工作的。慢慢地，神经细胞进化出突起结构，神经胶质细胞也进化产生了。神经细胞和神经胶质细胞，通过突起连接形成功能结构，这就是神经节；多个神经节连接贯通形成系统结构，这就是神经系统。神经节和神经系统，就这样产生了。

神经物质和神经细胞的进化产生是自然界物质催发的结果，它体现了生命提升动力学性能的进化趋势。大约8亿年前，动物生命开辟了这条进化新路，即第三条进化之路：神经进化之路。只有动物踏上了这条路，并走到了今天。

为什么神经细胞只存在于动物体内？植物为什么没有选择通过进化出神经细胞，来提升动力学性能的进化之路呢？其实准确来说，不只是植物，还包括古菌、细菌、真菌、单细胞生物，可以说除多细胞动物之外，所有其他生物都放弃了这条路。原因说来很简单，在生命史上，这些生物的出现都比动物早，而且早很多！也就是说，在动物出现之前，它们已经选好了各自的进化之路，而且埋头走了很久很远，掉头再走一条新路显然不划算。

另外，它们已经有了动力学性能的解决方案。以运动方案为例。单细胞生物，比如草履虫，用细胞纤毛来运动。《低等生物的行为》的作者詹宁斯，观察发现单细胞生物能利用纤毛"划水"，制造旋涡，把食物送到"嘴"里。再以生殖解决方案为例。病毒以复制的方式增殖，细菌以分裂的方式增殖，真菌以孢子的方式生殖，植物以种子的方式生殖。不难看出，它们的增殖运动方式，其实都比动物的生殖运动方式"轻松省事"。换言之，动物以外的生命也有动力学性能，只是不及动物优越而已，但这不够优越的动力学性能对它们来说已经足够了。

最后，细胞结构的差异，也阻止了它们选择这条进化之路。动物细胞没有细胞壁，其他生物细胞基本上都有细胞壁。细胞壁的作用之一，是维持细胞的形态、增强细胞的机械强度。由具有细胞壁的细胞组成的生物，保持着相对稳定的外部形态，不能自主运动。由没有细胞壁的细胞组成的生物——实际上只有动物，外部形态弹性较大，身体能自主运动。如图2。

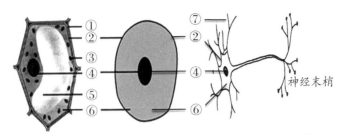

①细胞壁 ②细胞膜 ③叶绿体 ④细胞核 ⑤液泡 ⑥细胞质 ⑦突触

图2 植物细胞（左）、动物普通细胞（中）、动物神经细胞（右）对比图

读者朋友也许会问，那捕蝇草是怎么回事？

对这个问题有兴趣的人还不少。早在19世纪，达尔文就推测植物有神经。他发现只要触及捕蝇草叶片上的六根触发毛，叶片就会突然关闭。信号传递速度如此之快，达尔文因此推测植物也许具备与动物相似的神经系统，因为只有动物神经中的脉冲才能达到这么快的传递速度。还有学者认为植物有化学神经系统，因为它们受伤害时会做出化学防御反应。例如，金合欢树就会分泌毒素，来进行防卫。

但绝大多数科学家认为，植物没有神经。植物对外界刺激的反应，是通过细胞内化学物质的变化完成的。植物体内传递的是化学信号，它的传递速度极为缓慢；植物体内即使有电信号，它的传递速度也很缓慢，一般为每秒20毫米，这与动物神经电信号的传递速度根本无法相比。比如，金合欢树虽然会分泌毒素，但它需要十多分钟才能做出防御反应。最关键的是，从解剖学角度看，植物体内根本找不到任何神经组织。

因而，神经细胞和神经系统，确实只存在于需要自主移动的生命体内，目前只发现存在于动物体内。接下来，缩小讨论范围，将主要围绕动物展开讨论，因为只有动物才有神经、才有感觉、才可能有心智。毕竟，就像达尔文指出的，

"智人几乎所有的奇怪之处，包括情感、认知、语言、工具和社会，其实都以某种原始形式存在于其他动物身上"。

极致之物必有特别之处！神经细胞有什么特别的呢？科学家已经证明神经细胞高度特化，是动物进化出的极致专才的细胞，它只存在于动物体内，它专注于提升动力学性能。没有神经细胞的生命，其动力学性能较差；有神经细胞的动物

生命，其动力学性能较好；神经系统越发达的动物，其动力学性能越好。

医学界将动物细胞分为四类：肌肉组织细胞、上皮组织细胞、结缔组织细胞、神经组织细胞。与其他三类组织细胞相比，神经组织细胞的特别之处是：1.结构上，神经细胞周围布满了突起，学名突触。短的叫树突，一般负责接收信息；长的叫轴突，一般负责传递信息。其他细胞没有这样的结构。如图2。2.功能上，神经细胞负责接收、整合、传递和输出信息，这些信息也称为神经信息、神经信号。其他细胞没有这个功能。3.寿命上，神经细胞的寿命最长，大约可伴动物一生。其他细胞如结缔组织中的血液细胞，则不断推陈出新、生死更替。4.物质构成上，除了一般细胞物质如糖类、脂类、蛋白质和核酸之外，神经细胞里还有一些特殊的物质，如胆碱类、单胺类、肽类等。

再细究一下神经细胞功能上的特别之处。可以看出，第一步，神经细胞负责接收、收集动物躯体的各种信息。这些信息可能是化学信息，可能是物理信息，也可能是生物信息。神经学家统称这类信息为"刺激"。第二步，神经细胞将收集到的信息，整合加工为神经信息或神经信号。神经学家统称这类信号为"兴奋"。第三步，信号通过神经纤维传递和输出到其他组织，指挥动物的行为。神经学家统称这类行为为"反射"。

神经细胞的这些特别之处，给生命带来了特别的收获——感觉。第三章就会重点讨论感觉，线索先埋伏在此。

014　神经电化学信号

生命有各种各样的物质信号，物理的信号、化学的信号、生物的信号等。进化出神经细胞之后，动物又获得了一种新的物质信号——神经电化学信号，即NES（Neuro Electrochemistry Signal）。

NES首先是一种电物质。我们知道，所有的生物都有生物微电。英文cell（细胞）一词就有小电池、蓄电池的含义，可以说一个个细胞就相当于一节节微电池、蓄电池，是生物电的源泉。在神经纤维上传导的，主要是电信号。研究表明，低级动物神经细胞的电突触相对较多，因而低级动物的神经活动，更依赖于电信号。

NES，还伴随着化学物质的变化。在神经细胞体之间、神经细胞与效应器之间，存在着化学物质的传递。受到刺激时，神经细胞膜的通透性会急剧变化，同时可伴随着数十种化学递质的传递、大量带电离子的流进流出等。目前认为，动物的进化地位越高，化学物质变化就越多。例如，哺乳动物脑细胞的化学突触明显增多，脑内神经活动更依赖于化学物质的变化。

NES包含了信息内容，就像密密麻麻的电报码一样，NES是一串强弱间隔的、表达着特定生理内容的编码信息。NES还包含了信令内容，就像计算机源代码一样，NES传输着神经调控协议等指令。传导至目标端的NES，其携带的信息和信令内容，经过特定受体的解读后，就能执行相应的生理活动，如形成脑部记忆、肌肉反射运动等。

可见，NES虽然特殊，但它仍属于客观实存，NES是物质的。

015　多细胞生命的演进

多细胞生命对环境的适应能力大大地增强了，生命个体间的交流方式也极大地丰富了，由多细胞生命建立起来的生态系统的复杂性和规模，更是单细胞生命所远远不能比拟的。应该说，多细胞生命将生命带上了一个新的层次，其优越的动力学性能为生命带来了新的、巨大的进化潜力。

此后，生命舞台的主角，换成了多细胞生命。植物首先由水域扩张到了陆地，经苔藓植物、蕨类植物，最终发展出庞大的裸子植物、被子植物，成为今天自然界最重要的生态景观。动物，更是展开了一幅波澜壮阔的进化史卷，软体动物和脊索动物先后登陆，两栖、爬行、鸟类、哺乳动物相继进化出现。生物生境，从海洋扩张到陆地，并进一步扩张到天空。在此扩张过程中，新的物种不断形成，生态系统覆盖整个生物圈。人类出现之前的自然界，人前自然界，就这样形成了。见图3。

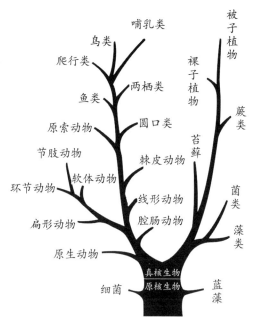

图3　生命演化树

016　动物是啥时候"熬出头"的

这里的头，俗称脑袋、脑壳、脑袋瓜儿，含义是头颅状的器官。其反义，是尾或者腔。例如，顾头不顾尾（腔）、屁股指挥脑袋。

很多生命都没有头，只有多细胞动物才可能有头。对动物而言，头的重要性不言而喻。那么，动物界的第一颗头，出现在哪里呢？从什么动物开始，动物能"摸得着头"的呢？

为了改善躯体的极性结构，提升动力学性能，动物进化出了头这一器官。也就是说，动物的头结构是应提升动力学性能的功能需要而生的。显而易见，有头的动物，其极性结构更明显，神经更为发达，动力学性能也更优更强。

早期多细胞动物，极性躯体结构很不明显，多是球形状"模糊的一团"。身体分不出前后、左右和背腹，更不可能分出头尾，有可能能分出上下。发展到腔肠动物时，比如水母，也只能明确分出上下。此时，动物连肛门都没有，当然也就没有尾和腔，更别说有头了。

到扁形动物时，动物出现了明显的极性躯体结构，身体呈现对称。扁形动物除了能分出上下之外，还能分出左右、背腹。虽然还没有肛门，但由于有眼点和生殖器官，扁形动物已经显现出前端和后端的区别，靠近眼点的一端隐约可以看作是头前端，靠近生殖器官的一端隐约可以看作是尾部。扁形动物神经演化加快，神经细胞和感觉器官集中在头前端附近。请注意此时还没有头，只有隐约像头的头前端。

发展到线形动物时，因为线形动物身体细长，又因为线形动物已经进化出了肛门，所以线形动物的头部和尾部显现出来：靠近口器的一端就是头部，靠近肛门的一端就是尾部。因此说线形动物总算"熬出头"来了，此时，动物界的第一颗头诞生了。

此后演化而生的软体动物和环节动物的头，更加明显，人们一眼就可以认出来。紧接着，外骨骼化的节肢动物进化出了将头包起来的头颅，我们俗称这种结构为脑袋或脑壳。内骨骼化的鱼类、两栖类、爬行类、哺乳类、鸟类的头，就更不用说了。

017　神经进化之路

只有动物，走上了神经进化之路。这条路上的演化路标，大致如下：神经细胞出现在多细胞动物中，神经节出现在腔肠动物中，神经系统出现在线形动物中，而中枢神经系统最早见于脊索动物。

首先出现的路标，是多细胞动物。海绵是典型的多细胞动物，没有器官，也没有明晰的组织，但它们的细胞功能区分明显。海绵的细胞种类复杂，有领细胞、变形细胞、生殖细胞、丝细胞，还有神经细胞。

第二个路标是腔肠动物，此时动物进一步进化出神经节。例如珊瑚虫、水母等。但此时动物的神经节分散分布，相互之间还没有完全沟通连接，也就是系统性还不强。因此，当遇到外界刺激时，一般只是受刺激的器官做出反应，而身体的其他部分往往不为所动、没啥反应。例如，腔肠动物水母长长的触手捕捉到一条小鱼，但其伞状体似乎不知道"饭已经端上桌了"，依然划水不止，并不会有任何反应，更不会停下来"庆贺一番"。

　　紧接着出现的路标，是线形动物。一般认为线形动物，开始形成最简单的神经系统：一个部署在头部的神经细胞体，顺着身体延伸的一条或几条神经索，连接着若干神经节和神经末梢。线形动物虽然有神经系统，但神经系统是梯状结构，缺乏统一指挥调度，也就是说还没有形成中枢。

　　之后，软体动物和环节动物的神经系统开始逐渐形成链状结构，头部神经细胞发达，发挥着中枢的作用。软体动物和环节动物，能对刺激做出快速的、全身性的反应。例如，软体动物章鱼，形态构造上有点像水母，如果是章鱼的腕足捕捉到一条小鱼，章鱼头部显然立即就知道"饭已经端上桌了"，章鱼全身都会剧烈反应，欢喜地"庆贺一番"。可见与水母不同，章鱼不会出现未受刺激的身体部分不为所动、没啥反应的散漫情形。

　　第五个路标，是枢纽型的路标：脊索动物。随着头的形成，脊索的出现，以及脑的进化，最终脊索动物演化出中枢神经系统。中枢神经系统，是由动物胚胎的外胚层发育形成的。在神经胚阶段，脊索是早期纵贯胚胎的中轴，诱导未分化的外胚层细胞，转变为中枢神经系统的原基。然后，脊索上方的背部外胚层细胞伸长加厚，形成前宽后窄的神经板；神经板边缘加厚起褶形成神经褶；神经板中央下凹形成神经沟。再然后，神经褶向背中线移动，合拢形成神经管。最后，神经管的前部发育成脑泡或脑，后部发育成脊髓。中枢神经系统由脑和脊髓组成，它接收动物全身各处的传入信息，经它整合加工后成为协调的运动性输出。

　　从上述的演化历程还可看出，脊索的演化是大费周章的。动物费时费力地演化出精巧复杂的脊索（建议摸一摸自己的脊椎），一定有其独特的功能目的——因为生命之结构必定适应生命之功能。演化生物学家认为，脊索是动物进化的史诗级事件。确实，极性结构方面，脊索强化了对躯体的支持与保护，使头脑、上下颌、躯体大型化成为进化可能；动力学性能方面，脊索提高了动物定向、有力、快速运动的能力；神经进化方面，脊索小心翼翼地保护着脆弱得像一根烂熟的粉条似的脊髓。

　　从上述五个路标可见，动物有清晰的神经演化脉络。这是一条从无到有、从简单到复杂、从分散到集中的进化之路。

　　特别说明一点，动物学家是依据种群特征，比如外在的形态结构、习性和生理特点等"鸿沟"，对动物进行分类的，而不是按内在的神经进化程度对动物进行分类的。所以，动物的神经进化路标，与现行动物分类并不能一一对应起来。比如，章鱼的进化地位低于海星，但章鱼的神经却较海星发达。

018 动物是啥时候"有脑子"的

头和脑，都是神经进化的产物，所以只有动物才有头脑一说。一开始，早期动物都是没头没脑的；后来演化为有头无脑，至今有头无脑的动物还多得很；后期出现进化跃升，一些高级动物终于有头有脑了。那么，动物界的第一颗脑，出现在哪里呢？

研究表明，软体动物是个重要的进化分水岭[①]，此时极性躯体结构进化加速，动物在进化之路上发生了分岔。一支向外骨骼化方向进化，就是环节动物—节肢动物的进化路线。另外一支向内骨骼化方向进化，就是脊索动物—脊椎动物的进化路线，显然人类走在这条进化岔路上。

如上，脊索动物首先进化出脊索，在脊索的背面出现了中空的神经管。脊索动物，均能从解剖上发现脊索和神经管。在原索动物阶段，神经管前端膨大形成脑泡，那里神经更为发达。但脑泡毕竟还不够完整，因此还不是真正的脑。

里程碑性质的第六个路标，是脊椎动物。到脊椎动物亚门时，神经管完成分化，神经管的主体部分发育为脊髓；神经管前部，也就是脑泡的位置，那里的生长和弯曲表现出脑的特征。慢慢地，脊髓和脑完全区分开来，第一颗脑出现了。正因为脊椎动物首次进化出了真正的脑，所以也称脊椎动物为颅脑动物。脊椎动物，是进化地位最高的生命。

为了大幅提升动力学性能，脊椎动物慢慢进化出了脑这一器官。与头一样，脑，也是应神经演化需要而生的。显而易见，有脑的动物，神经更为发达，动力学性能更强更优。

---

① 有生物学家认为，脊索动物是由基底软体动物进化而来。

019 为什么单单漏掉棘皮动物

对照生命演化树状图可知，前面在谈论"神经细胞—头—神经系统—脑"的进化历程中，一直没怎么提棘皮动物。为什么单单漏掉它呢？

因为棘皮动物似乎是个异类。在进化之树上，它们仅仅在鱼类之前，甚至比节肢动物出现得还要晚，但它们的身体却在走"回头路"。它们的成体竟然又开始左右不对称了，口器一般在身体底下，身体可以朝四面八方移动，很难分出头部和尾部。例如海星、海胆。

不光是极性躯体结构逆向演化，棘皮动物在神经进化的道路上，似乎也在"开倒车"。棘皮动物的神经原始分散，没有完全独立的感觉器官。该怎样解释，棘皮动物在身体结构和神经进化上的倒退现象呢？

棘皮动物从来没有离开过海洋，别说登陆了，连淡水都未曾涉足，也就是说只有海洋里有棘皮动物；而且绝大部分棘皮动物的生活方式都是底栖，行动缓慢或者营固着生活。因此，可以把这种倒退现象理解为多细胞海洋动物由海滨底栖向深海底栖生境扩张的进化产物。深海底栖最需要克服的是水压，因此能适应深海水压的选项，比如外骨骼化、球状、管状、星状、饼状躯体等，就是不错的选项，其他选项就没有那么重要了。这一切，使得棘皮动物放弃一些动力学性能优势是可行的，因而棘皮动物放弃了极性躯体和神经上的进化选项，在这两个方向上开起了"倒车"。

本章小结：

自然界物质环境催发出生命，生命诞生于物质浓"汤"，物质是生命最根本的属性。

神经细胞的进化产生是生命史上的一个里程碑；中枢神经系统，头和脑的出现，都是动物在神经进化方向上的重大成果。

生命演化表现出：化学进化向生物学进化演化，原核生命向真核生命演化，单细胞生命向多细胞生命演化，生命向维持复杂稳态演化，生命向极性结构演化，生命向提升动力学性能演化，生命向扩张生境演化。

第二章　心智的沃土——生命的反映

江河万里总有源。心智，不可能是无源之水，心智总会有其源流。心智的源流，一定隐藏在生命诞生之初，一定隐藏在早期生命体内。

020　生命的反映

诚如教科书所言，万事万物是普遍联系的，物质当然也有普遍联系，生命物质当然也是有普遍联系的。我们把发生在生命物质上的一切联系，不管是内在的还是外在的联系，都称为生命的反映。

这里所说的反映，泛指各种内外在物质活动带给生命的"印记、结果、映象"等。比如，外在的阳光照射，会给细菌、真菌带来或留下"印记、结果、映象"；内在的水分流失，也会给植物、动物带来或留下"印记、结果、映象"等。这里的反映，也包含了平常所说的物理感应、化学反应、生物效应等带给生命的"印记、结果、映象"。例如，鸟类依靠电磁感应的"物理映象"导航；肠胃依靠氧化反应的"化学结果"消化；生命依靠遗传效应的"生物印记"繁衍。这些都属于生命的反映。

诞生细胞生命的地球环境，有着丰富且多种多样的物质。细胞本身，就是一个成分极其复杂的质能物质系统。细胞物质之间的联系、细胞物质与外在物质之间的联系，必然是多种多样的。生命的反映，当然也是多种多样的。那么，生命最基础、最重要的反映性能，有哪些呢？

这个问题的答案，隐藏在生命诞生的物质环境里面。回想一下卢卡诞生的那锅物质浓"汤"，细胞生命最容易与哪些内、外在物质发生反映？答案就在"汤"里。**细胞生命由什么物质构成，它就容易与什么物质发生内在的反映；细胞生命周围有什么物质，它就容易与什么物质发生外在的反映。**如图4。

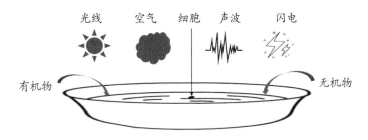

图4　生命诞生于一锅物质浓"汤"，细胞周围充斥着各种物质

021　生命的水反映性能

汤水，汤水，汤汤水水，"汤"里最多的当然是水啊。所以生命具有的第一个基础反映性能，是对水的反映性能。只要有水，生命都能挣扎着活一段时间；如果完全得不到水，生命一般都挣扎不了多久。生物学家发现，确有极个别细菌能在无水环境存活，但它们的分裂增殖也离不开水。生命体内最多的物质成分就是水，占鲜重比在65%上下，因此生命最容易发生水反映。

嗜水，还能形成水循环，就是细胞对水的反映性能的体现。生命细胞从一开始就构造了对水的反映性能，这一性能从单细胞生命演化递进给多细胞生命，直至今日。

所有的细胞都含水，细胞里既有饱和水，也有非饱和水。不管是咸水里还是淡水里，都有丰富的生命。将干燥的植物种子浸在水中，种子很快就会反映萌发，如果方法得当，甚至可以收获一盆芽菜。复活草，具有遇水立马复活的神奇反映能力。动植物生命有沿着"水路"扩张的反映能力。这方面的证据俯拾皆是，不胜枚举。

022　生命的空气反映性能

生命具有的第二个基础反映性能，是对空气的反映性能。海平面上就是气圈，"汤"里也溶解了很多气体成分。地球早期的大气主要是二氧化碳，随后氧气增多，形成目前氮气占78%、氧气占21%的空气构成。空气里的物质元素与生命体内的物质元素，有很多都是相同的，比如主要成分都是氮、氢、氧、碳等，可见生命与空气一直在频繁反映。实际上可以说，所有生命都时刻呼吸不止。

嗜气，尤其是嗜氧，包括呼吸和吐纳，就是细胞对空气的反映性能的体现。所有的细胞都会呼吸，都含有气体成分。绝大多数细胞进行有氧呼吸，少量细胞进行无氧呼吸。生命细胞，从一开始就构造了对空气的反映性能，这一性能从单细胞生命演化递进给多细胞生命，直至今日。

动植物都依赖于空气，正所谓见风而长。植物在有氧和无氧条件下都会呼吸，呼出二氧化碳；植物同时通过光合效应释放氧气。自然界形成有氧环境之后才出现动物，因此动物只能在有氧条件下呼吸，呼出二氧化碳。

023 生命的有机物反映性能

生命的第三个基础反映性能，是对有机物的反映性能。大量的有机物溶入"原始汤"中，对生命的诞生起着决定性的作用。一些类地星球上之所以没有形成生命，关键是这些星球上没能合成有机物。生命离不开有机物，尤其是碳水化合物。生命死亡之后，最初分解物就是有机物。生命就是有机生命，因此生命很容易与有机物发生反映。

嗜有机物，尤其是嗜营养物质，就是细胞对有机物的反映性能的体现。生命细胞也是从一开始就构造了对有机物的反映性能，这一性能从单细胞生命演化递进给多细胞生命，直至今日。

自然界食物链，展现的就是生命争夺有机养分的关系图。细菌会吞噬病毒，动植物会捕食细菌，动物吃植物，植物也会猎杀小动物，动植物死后都会被细菌分解，它们都是在获取有机物。

当然，细胞进化之路不同、生存环境不同，使得不同生命细胞的物质构成也有了细微差别，所以对同一种有机物，生命的反映可能大相径庭。比如，桉树叶是绵羊的噩梦，却是考拉的美食。同样地，箭竹是猫的噩梦，却是大小熊猫的美食。再比如一只活鸡，对很多食肉动物来说都是美味，但植物对活鸡没有兴趣，如果活鸡死去，腐烂分解后，这时死鸡又成了植物的"大餐"。

024　生命的无机物反映性能

生命的第四个基础反映性能，是对无机物的反映性能。最早时，"汤"里除了水，就只有无机物，包括盐类。生命必然要与无机物建立反映关系。事实上生命也离不开无机物，尤其是盐类。生命细胞里含有各种微量无机物，生命死亡之后，最终分解物都是无机物。

嗜无机物，尤其是嗜盐类物质，就是细胞对无机物的反映性能的体现。生命细胞也是从一开始就构造了对无机物的反映性能，这一性能从单细胞生命演化递进给多细胞生命，直至今日。

海洋生命，需要自主排除体内多余的盐分。但在一些缺盐环境中存活的动物，冒着生命危险也要摄取盐分。氮、磷、钾，对植物十分重要。微量物质，往往发挥着巨量的作用。中国人居住讲究地气。地气是什么呢？可以理解为自然界土层挥发出微量物质而营造的宜人环境。生命对无机物的反映现象，随处可见。

生命构造的上述对水、对空气、对有机物、对无机物的四个基础反映性能，有三个共同点。一是，水、空气、有机物、无机物都属于实物物质，都是构成生命体的不可或缺的成分，可以说没有这些就没有生命。二是，这些反映都伴随着物质交换，因而属于化学反应。例如细胞水分子交换、细胞气体交换、细胞营养物交换、细胞微量元素交换等。三是，水、空气、有机物、无机物，容易与生命细胞发生反映。由于所有的生命必然具备这四个反映性能，所以称其为基础反映性能。接下来阐述的三个反映性能，有的生命具备，有的生命不具备，因而称其为特殊反映性能。

通俗来说，生命没有下面的三个特殊反映性能不要命，但如果没有前四个基础反映性能那就要命啦！

025　生命的电子式反映性能

生命的第五个重要反映性能，是对电子式的特殊反映性能。生命诞生于物质浓"汤"之中，卢卡浸泡在实物物质里，它的周围全是实物物质。我们知道实物物质都由原子组成，实物物质外层，围绕的是电子云。细胞外层有电子云，"汤"里实物物质也有电子云，因此单就电子云来讲，生命细胞的电子云很容易与生命周围实物物质的电子云，以电子式的方式发生反映。

探触，就是细胞对电子式的反映性能的体现。事实上，生命细胞很早就构造了对电子式的反映性能，这一性能从单细胞生命演化递进给多细胞生命，直至今日。

例如，单细胞生物黏液霉菌，没有任何神经，但实验显示它似乎"记得"走过的迷宫路径。进一步研究指明，黏液霉菌对振动敏感，菌团通过振动细胞壁与迷宫外层发生电子式反映，从而"触摸"出路径。再例如，熟悉植物的人都知道植物根尖的"触觉"很厉害，它似乎知道往肥力丰厚的地方生长。研究证明确实如此：在植物根尖的最白嫩部分，检测到了大量的电势，这些电势当然提升了根须根尖对肥料的探触反映能力。前面述及的捕蝇草，探触反映能力更强。动物的触觉就不用说了，动物身体外层皮肤的电子云全部能参与电子式反映，因而动物的外层皮肤全部有触觉。

026 生命的辐射反映性能

以此类推，生命的第六个重要反映性能，是对辐射的特殊反映性能。前面提到过，点化那锅热"汤"的主要是雷电。在此，把雷电、射线、自然光线、电磁感应、散热等现象，统称为辐射。广义来讲，一切实物物质，都以电磁波和粒子的形式，时刻不停地向外辐射着。生命体本身就是物质体，因而生命体本身、细胞本身也存在辐射。

生命的感光能力，如植物的趋光性、动物的感光性等，就是生命细胞对光辐射的反映性能的体现。生命的感温能力，如植物的垂直分布和水平分布，就是植物细胞对热辐射的反映性能的体现。生命细胞很早就构造了对辐射的反映性能，这一性能从单细胞生命演化递进给多细胞生命，直至今日。

"向阳花木易逢春"，植物对光热辐射反映剧烈。向日葵，是植物中的典型。同样地，动物对光热辐射也十分敏感。纳米比亚变色龙，是动物中的典型。纳米比亚变色龙是唯一的沙漠地栖变色龙，为适应严酷的环境，它们必须把太阳的光热辐射拿捏得死死的。纳米比亚变色龙，通过改变皮肤颜色以控制温度：凉爽的早晨，它们为棕灰色，以吸收热量；炎热的正午，它们变为亮灰色，以反射强光；为了省事，它们甚至可以以脊柱为界，身体左右颜色截然分开（见图5）。

图5　纳米比亚变色龙身体向阳一侧为棕灰色，背阴一侧为亮灰色

当今人们谈辐射色变，那是对辐射的误解。其实我们本身会发出辐射，我们的周围全是辐射，绝大多数辐射对人体是有益无害的。生命诞生并成长于辐射之中，生命已经构造出了对辐射的反映性能。但生命细胞构成不同，承受的辐射波长和剂量也不同，植物因为其细胞有细胞壁保护，因而较动物更能承受辐射。

027　生命的声波反映性能

生命的第七个重要反映性能，是对声波的特殊反映性能。自然界有各种各样的发声体或声源，气圈、水圈和岩石圈是声波传播的优质介质，因此自然界从来就不缺声音。声波等各种冲击波，在催发那锅热"汤"诞生生命的过程中，也发挥了作用。生命诞生于一个满是声波冲击的物质环境里。

顺便回顾一下。前述的水、空气、有机物、无机物等实物物质，以及电子式、辐射等非实物物质，容易或较容易与生命细胞发生反映。至于声波，它是一种能量，属于非实物物质，但因为最早期的细胞生命是实物物质的非发声体，因而声波与生命细胞发生反映没有那么容易。所以我们看到，生命细胞并不是一开始就构造了对声波的反映性能,而是慢慢进化出对声波的反映性能的①。早期单细胞生命与声波不发生反映,它们"又聋又哑"。植物至今与声波也几乎不发生反映,但有人不认同这一点,他们宣称给西红柿播放《命运交响曲》将会收获更多的番茄,但至今也拿不出坚实的实验数据。

到动物时,生命才开始与声波发生反映。动物最初是将声波当作"冲击"电子式来处理的,后来才慢慢进化出声波处理能力,并最终形成了独立的对声波的反映性能。翻看生命进化史卷可以看出,耳朵进化得比较晚,直到两栖类动物才演化出内耳,此时生命终于"不聋不哑"了。"听",就是一部分动物的细胞对声波的反映性能的体现,这一性能由两栖类动物演化递进至今。

人耳只能听到特定频率的声波,一般在20赫兹至20000赫兹之间,而狗耳能听到人耳听不到的声波,蝙蝠更是能听到人和狗都听不到的超声波。

与生命的四大基础反映相比,上述对电子式、对辐射、对声波的三个特殊反映,还有三个独特之处。第一,三大特殊反映是生命细胞对外在物质的反映,一般发生于体表;而四大基础反映是内在的,一般发生在体内。第二,三大特殊反映,属于物理感应;而四大基础反映,属于化学反应。第三,刚才提到过,三大特殊反映尤其是对声波的反映,没那么容易发生,对生命来说是可选项;而四大基础反映,都很容易发生,对生命来说是必选项。

028 生命的反映,是心智演化的沃土

细胞诞生之初、生命诞生之初,就具有反映性能。早期生命构筑了对水、空气、有机物、无机物、电子式、辐射的重要反映性能,后期动物生命还构筑出对声波的重要反映性能。当然,生命肯定还具有许许多多的其他的反映性能,例如电磁物质反映性能、遗传物质反映性能等。

生命的反映,看起来有点复杂,但如果按学科归纳一下,就会发现并不复杂。比如,生命的反映都可以归入三大类,即物理感应、化学反应、生物效应。

---

① 广义来说,声波也属于辐射范畴,称为声波辐射。由于生命的声波反映特别重要,所以本书将其单列阐述。

有些复杂的生命反映，可能互相包含、交叉。例如，植物的光合作用，就包含了植物细胞对光、热的物理感应，对氮气、二氧化碳的化学反应，还包括了光合磷酸化、碳同化生成糖类的生物效应等。

不管怎么说，后期生命演化出来的一切高阶性能，一定来源于生命诞生之初，早期生命体内就已经构筑好了的那些重要的物质反映性能。或者说，早期生命重要的物质反映性能，必定隐藏着后期生命高阶性能的演化线索，蕴含着后期生命高阶性能的演化可能。

心智，无疑是后期生命慢慢演化出来的一种高阶性能。既然试图探究心智的源流，就应该去生命的反映里寻找线索，因为生命的反映是心智演化的沃土。

本章小结:

生命具有对水、对空气、对有机物、对无机物的四大基础反映性能，生命还具有对电子式、对辐射、对声波的三大特殊反映性能。

细胞是生命体的基本结构和功能单位，生命的反映体现于细胞运作之中。

第三章　心智的种子——动物的感觉

现在可以看出，生命生而具备反映能力。所有的生命，都具备对水、对空气、对有机物、对无机物的反映能力。绝大部分的生命，还具备对电子式、对辐射的反映能力。少部分的动物生命，后来还具备了对声波的反映能力。

物质环境，催发生命不断进化，继续提升反映能力。最终，在动物生命中诞生了感觉，生命从反映阶段提升到了感觉的新阶段。

029 生命的神经反映性能

如前所述，神经细胞是极致特化的细胞【013】[1]。神经细胞与普通细胞的构造不一样，物质构成也有一些差别，这使得神经细胞与普通细胞的功能不同，工作方式也不一样。

最初，在卢卡细胞诞生的那锅"原始汤"里，是不可能有神经物质的。经过极为漫长的30亿年的"熬煮"，到了多细胞动物阶段，动物慢慢演化出神经物质，并进化出了神经细胞。有神经细胞的动物生命，就有了神经物质活动；神经物质活动带给动物的"印记、结果、映象"等，就是神经反映。神经反映，包含了物理感应、化学反应、生物效应，是一种综合性的生命反映。此后演化而生的所有动物生命，都有神经细胞，它们都获得了一种前所未有的、神经物质的反映性能。这就是感觉。所以心理学把感觉定义为，动物对直接作用于感觉器官的客观事物的个别属性的反映。

所以我们认为，感觉就是神经活动的结果，是动物神经的高阶反映。所有的生命都有反映，但只有进化出了神经的动物才获得了高阶反映——感觉。

---

[1] 【013】，表示请参阅第013节段。下同。

030 感觉的产生（1）

动物具备了神经之后，怎么就产生了感觉呢？

原来，动物细胞负责收集各种"刺激"信息，动物的神经细胞负责整合加工这些"刺激"信息，并将其转化为"兴奋"。如果动物具备某个感觉属性的神经细胞，此时细胞收集到这个属性的"刺激"信息时，动物就会产生这个属性的感觉；如果动物不具备某个感觉属性的神经细胞，即使细胞收集到了这个属性的"刺激"信息，动物也不会产生这个属性的感觉。

神经细胞是感觉产生的生物基础，神经细胞对信息的处理发生了质的提升：各种反映信息输入神经细胞，神经细胞整合加工为NES，这就是感觉。反映信息交由神经细胞处理时，才会质变为感觉。因此，感觉可以理解为经过神经细胞综合处理之后的高阶反映，感觉就是一种NES性质的反映。

拿水母来举例。如上一章所述，水母细胞肯定具备对水、对空气、对有机物、对无机物的四个基础反映性能。如果水母继续提升反映能力，努力进化出了处理水反映信息的神经细胞，那么，水母细胞与水发生反映，这种信息传递到水母神经细胞，水母就会有渴或不渴的感觉。如果水母没有进化出处理水反映信息的神经细胞，那么，水母细胞与水发生反映，但水母却不会有渴和不渴的感觉。再比如植物，因为没有神经，虽然植物细胞与水可以发生剧烈反映，但植物却没有渴和不渴的感觉。

继续拿水母举例。研究表明，水母已经具有处理水、空气、有机物、无机物四种反映信息的神经细胞，还有处理电子式、辐射两种反映信息的神经细胞，但水母没有处理声波反映信息的神经细胞。因此，如果拿针去刺水母，水母细胞的电子式与针尖的电子式发生反映，这种反映信息传递到水母处理电子式反映信息的神经细胞，水母就会有触觉。如果拿发烫的针去刺水母，水母细胞与针尖发生电子式反映，与热发生辐射反映，这两种反映信息传递到水母处理电子式反映信息的神经细胞和处理热辐射反映信息的神经细胞，水母就会有触觉和温觉两种感觉。但如果拿发声的针去刺水母，水母只会有触觉却不会有听觉，因为它没有处理声波反映信息的神经细胞，它是"聋子"。

再比如我们熟悉的痛觉。痛的本质是伤害性刺激作用于机体，引起的组织损伤。植物也可能受到伤害性刺激，也会有组织损伤，但植物不会有痛觉，原因是植物没有痛觉感受器——游离的神经末梢。动物就不一样了，当受到伤害性刺激，遭受组织损伤时，动物会释放某些化学物质如钾离子、氢离子、5-羟色胺等，这些物质会"兴奋"痛觉感受器，动物就会产生痛觉。人和动物的某些器官，如果没有神经，也不会有痛觉，例如肝脏就没有痛觉。人和动物的某些器官，如果神经坏死，也会失去痛觉，例如皮肤局部神经坏死，患处的死皮甚至"不怕开水烫"。

031　感觉的产生（2）

前面是从神经学的角度解释如何产生感觉的。现在换个角度，从原子理论的角度，来看看是如何产生感觉的。以对电子式的反映为例，看看动物是如何将电子式反映提升到触觉的。

原子理论告诉我们，原子的实体部分也就是原子核，只占据原子的极小部分空间。原子的绝大部分空间是虚空的，这个虚空的空间里充斥着电子云。电子以光速级别云化地运动着，也就是说电子会随时填补原子核外空间的任何一处。所以，谁也不可能触碰到物体原子的原子核，能触摸到的只能是核外电子云。

以触摸水泥突起物为例。水泥的最外层是硅氧化合键，生命的最外层当然是细胞的碳氢氧化合键。当生命去触摸水泥突起物的时候，其实并没有接触到水泥的原子核，而是细胞碳氢氧化合键的电子与水泥突起物硅氧化合键的电子发生着电场作用。此时，对不具有神经的生命来说，这种电场作用只体现为对电子式的反映，好比藤蔓植物的卷须触碰到水泥突起物一样，它们凭着电子式反映就能抓牢水泥突起物。

对具有神经的动物和人来说，这种电场作用不仅体现为反映，还提升为感觉。因为皮肤的电子式，与水泥突起物的电子式是互斥的，这种互斥的电场经过神经细胞处理后，就给动物和人带来硬的触觉。触觉就是这样产生的。同理，用手去摸冰块，因为冰块与手掌的最外层的电子式也是互斥的，所以我们感觉冰块是硬物；但如果用手去摸水，因为水与手掌的最外层的电子式是互吸

的，所以我们感觉水是流体而且黏连。（因为物理性状不同，水、冰的外层电子式也不同了）

由此可以看出，从反映提升到感觉，划一道"鸿沟"就是生命体是否具有神经。生命体具有神经，就既有反映又有感觉；生命体没有神经，就只有反映没有感觉。所以前文说，神经细胞的进化产生是生命史上的里程碑。神经细胞首次出现在动物体内，因此古菌、细菌、真菌、植物等，只有反映没有感觉。前述的捕蝇草，虽然探触的反映能力很强，但因为没有神经，所以它们没有触觉。

032 感觉也有三六九等（1）

动物学家以脊椎为"鸿沟"，将动物分了等级：无脊椎动物称为低级动物，脊椎动物则是高级动物。不仅动物有等级，因为神经进化程度不同，动物的感觉也有个三六九等。

早期低级动物有简单的神经细胞，腔肠动物在此基础上进化出了神经节。但它们的神经细胞是分散工作的，它们的感觉是杂乱的、分割的，而且不稳定。因为这些特点，神经学家称这类神经为漫散神经。这些神经上的局限表现在行为上，就使得低级动物的行为看起来似乎有点不合理，有点不协调，有点散漫，有点分裂。就像前文所描述的，水母触手已经捕捉到一条小鱼，但其伞状体依然划水不止，其行为看上去确实有点散漫，有点分裂。低级动物中，尤其是还没有形成神经系统的低级动物中，因为神经的局限而表现出的动力学性能上的散漫，是很常见的，很容易观察到的。

亿万年过去了，随后进化产生的扁形动物，不仅有神经细胞和神经节，还有感光器官眼点。太阳系光物质非常多，因而生命的光辐射反映丰富，动物也很早就进化出光感能力。扁形动物的眼点下面，神经细胞集中，这为眼睛的进化打下了神经基础。扁形动物的神经细胞和神经节有向其头前端集中的趋势，各个神经节之间已经开始有一些沟通连接，但扁形动物还没有集中统一处理NES的能力。

随后进化产生的线形动物，首次形成了完整的神经系统，并有明显的头。线形动物的头里，形成了神经细胞体，这是脑的萌芽；几条神经索沿表皮延伸至尾部，背神经索出现，这是脊索的前身。线形动物进化出了梯状的、筒状的神经系统。有了神经系统，线形动物处理NES的能力得到提升，感觉能力也上了一个台阶。表现在行为上，就是线形动物的动作已经有了一定的协调性、全身性，看起来不再那么散漫、分裂了。但由于神经系统还比较原始，线形动物集中统一处理NES的能力并不强。

这一不足，在环节动物阶段得到改善。环节动物进化出了由神经发达的头部与神经索组成的链状神经系统。链状结构，提升了处理NES的能力和速度，环节动物的感觉能力再上台阶。表现在行为上，就是环节动物动作的协调性、全身性大幅提高。例如，蚯蚓的感水、感温、感味能力，流线型运动能力，让人印象深刻。

节肢动物的感觉能力出现了飞跃。节肢动物除了基础的对水的感觉能力，如干湿、渴和不渴；对空气的感觉能力，如憋闷和顺畅；对光的感觉能力，如明暗、显隐；对温的感觉能力，如冷和热；对无机物和有机物的感觉能力，如可食用不可食用、味道好坏之外，还进一步进化完善了感觉器官。

首先是节肢动物的细胞分化更细，使其躯体出现明显的分节，极性结构极为显著。当然，因为细胞分化更细，全能细胞极少，到节肢动物时，动物的再生能力几乎丧失殆尽。环节动物蚯蚓，某些类蚯蚓分成两段仍可能成活；所有的节肢动物，分成两段显然都会死亡。

其次是节肢动物的头已经与躯干分隔开来，有些节肢动物的头还能以躯干为轴转动，有些甚至还有了纤细的"脖子"。比如蚂蚁。

最后，节肢动物的感觉器官已经从身体中独立出来。眼睛已经出现，有些节肢动物如蜻蜓，更是视力超群。触觉器官如体壁、刚毛、触须等，肉眼可见。嗅觉和味觉器官也出现了，有的节肢动物以触角辨别气味，有的以口器辨别食物味道。想想苍蝇是怎么找到臭鸡蛋的，蚊子又是怎么准确找到你的，就不用多说了。总之，常说的眼耳鼻舌身五大感官，节肢动物已经具备了眼舌（或口）身三个。

因为感觉能力的飞跃，节肢动物的动力学性能也发生飞跃。昆虫感觉敏锐，动作迅捷，是最先具备飞行能力的生命。以昆虫为代表的节肢动物，还首次扩张到海陆空三大生境。昆虫在进化上极为成功，可谓仅次于人。

那么，另外两大感官，耳和鼻，是什么时候出现的呢？

又过了3000万年，古鱼类出现了，它是最早最原始的脊索动物，但它还不是真正的鱼。古鱼类进化出鼻洞，鼻洞后面有嗅囊，负责产生嗅觉。生物学家一般认定，到两栖类时才出现内耳和内鼻，耳和鼻才算真正进化出来了。此时，在嗅觉上，动物家族又增加了一个新的嗅觉器官鼻子；在声波感受器官上，动物家族除了感受声波振动的触觉器官之外，还首次出现了能听出声音的听觉器官耳朵。

耳朵，具有特别的演化意义。由于动物一般都能自主制造点动静，也就是能发出声音，高级动物更进一步具有了发声器官，比如青蛙的声带、鸟的鸣管、猿猴的喉囊等等。现在高级动物又有了耳朵，也就是能接收声音。所以此时高级动物同时具备了收、发声音的器官。

可不要小瞧了这个进化成就。要知道，五大感觉视听嗅味触中，高级动物能同时具有收发器官的，几乎就只有听觉了。具备声音收发器官，这为高级动物预埋下了丰富的演化可能；对人而言，就是预埋下了语言的演化可能。

演化至此，声音对同类动物来说，就不仅仅是某种振动，而是真正的耳朵共鸣。例如，开春时节，对于池沼里两栖动物雄蛙的高声鸣叫，岸上的节肢动物蝗虫有可能感觉到若有若无的振动，但水中雌蛙的耳朵里听到的却是"欢快的乐章"，感觉到的是雄浑热情的召唤。

033　感觉也有三六九等（2）

五大感官，眼耳鼻舌身，是慢慢进化出来的。有的动物具有五大感官，有的具有其中的两个或更多，有些低级动物除了身体，甚至没有其他感官。一般来说，低级动物的感官少，进化地位高一点的动物感官稍多，高级动物的感官更多。但也不绝对，因为动物并不是线性进化的。比如，鱼类并不是由节肢动物进化来的。

另外，有些动物的感官和感觉不如人类，有些却拥有人类不具备的感官和感觉。例如，某些鱼类如鲇鱼、某些哺乳类如猫狗，都拥有感觉敏锐的触须，人却没有这一感官。某些鳐类如电鳐，具有生物电感官，能感觉到细微的电位差，而人没有这种感觉。科学家认为一些动物对地磁变化有感觉，而人对地磁变化没有感觉，所以地震前有些动物会有反应，而人却茫然不觉。

不管动物的感觉多么神奇、多么发达，探本求源的话，这些感觉总是来源于生命诞生之初，早期生命体内就已经构筑好了的那些物质反映性能。或者说，总有某种物质反映性能，与动物的感觉一一对应。在此，将反映与感觉的对应关系做个小结：**大致来说，动物的视觉对应生命的光辐射反映；动物的听觉对应生命的声波反映；动物的嗅觉和味觉，对应生命的无机物和有机物反映；动物的触觉对应生命的电子式反映。它们都是经过神经细胞综合处理之后的高阶反映。**

由于感觉就是神经物质的反映，其实质是NES物质，因而所有动物包括人的感觉，其实质都是相同的。不仅动物的感觉实质都和人相同，动物产生感觉之后和人所展现的身体反应，也大致相同。例如，针扎动物，其痛觉和人是相同的；动物所展现的身体反应，如向后退缩等，也大致和人相同。

我们的目的是探寻心智的源流，因此现在进一步聚焦，剔除感觉不够发达的低级动物，将探讨范围缩小到感觉发达的高级动物。

神经系统产生之后，动物在神经进化之路上开始"小步快跑"。到脊索动物时，除基础感觉能力之外，五大感官相继进化完成，动物的感觉能力达到人前自然界的高峰。脊索、白质、灰质、脑泡、脑相继出现，脊索动物的神经系统首次出现中枢化、网络化的结构：各感官细胞负责收集感觉信息，传递给神经末梢、神经细胞和神经节，再传递给神经索和脊髓；一部分信号交由脊髓按节段处理后，经神经纤维回传躯体并产生反射性行为；一部分信号继续传送至脑部，经脑处理后再回传躯体并产生整体性行为；过程中的NES都会被储存在脊髓和脑里。

将脊索动物的神经系统与电脑对比，就能清晰看出其特点：一是有"中央处理器"脊髓或脑；二是有清晰的输入输出回路；三是整个系统呈网络状结构（不再是梯状、筒状或链状结构了），相互之间都有连接；四是过程数据会储存起来，且还可以调用；五是全部的动力学行为指令都由神经中枢发出。也就是说，脊索动物已经可以统一、集中、交叉处理各种NES，并能进行整合加工，还能快速"决策"形成一个动力学解决方案予以输出。这些神经系统上的高阶配置，使得脊索动物的行为动作开始表现得协调、整体、连贯，已经看不出散漫分裂的迹象了。例如鱼群的阵行、狮子的伏击、椋鸟的群飞、宠物狗的撒欢儿等。

当然，脊索动物神经的进化也有高低之分。脊索动物虽然有脑【018】，但原索动物的脑，神经组织还很不完整，只能算是脑泡。到脊椎动物亚门时，才真正进化出神经组织完整的脑——完整动物脑。

034　完整动物脑

完整动物脑，简称完整脑，是指在脊索头前端发育的、集中处理感觉信息的、拥有综合结构的神经组织。该定义的第一道"鸿沟"是神经组织，完整脑主要由神经细胞构成。所以电脑不是完整脑，因为电脑不是神经组织。该定义的第二道"鸿沟"是脊索，脊索是完整脑的发育原基，完整脑和脊索不可分割。比如，昆虫的头虽然很发达，但仍然不是完整脑，因为昆虫走上了外骨骼化的进化分岔路，昆虫体内没有骨骼，更没有脊索。该定义的第三道"鸿沟"是集中性和综合性，这是中枢神经系统的功能，脊髓和脑展现着这个功能。

完整脑是什么时候出现的呢？由于进化时间比较晚，化石证据保存得比较好、比较多，生物考古学为我们揭开了脉络清晰的答案。

最迟4亿年前，海洋里的最早的脊椎动物进化出了完整脑。一开始，完整脑只有三部脑，分别是前脑泡、中脑和菱脑泡。随后，完整脑进一步发展为五部脑，即大脑、间脑、中脑、小脑和延脑。五部脑的排列方式，也从掌式平面排列向拳式网团状排列发展。各部脑之间密布神经核、上下行神经纤维束，各部脑之间的连接体逐渐形成。各部脑内的腔隙称为脑室，充满脑脊液。脑神经对数也不断增加。对照图6，简述如下。

圆口纲开始出现五部脑，但五部脑依次掌式排列在一个平面上；小脑不发达；脑神经10对；大脑不是神经中枢。

鱼类五部脑清晰；脑神经10对；大脑仍不是神经中枢，中脑是综合各部感觉的神经中枢；鱼类具有古脑皮。

两栖类神经系统处于与鱼类相似的较低水平，五部脑分化程度不高，仍分布在同一平面；中脑仍是最高中枢；较为进步的是神经物质开始向大脑顶部转移，出现原脑皮，并且演化发育出了植物性神经系统。

爬行类的脑较两栖类发达，大脑开始有新脑皮出现，纹状体增大使大脑体积增大，但中脑仍是高级中枢；脑神经增加至12对。

鸟类的脑，突出的一点是小脑很发达且相对体积大；另一特点是大脑的纹状体极为发达，在爬行类的新纹状体上，又增加了上纹状体，大脑体积相对进一步增大；脑神经12对。

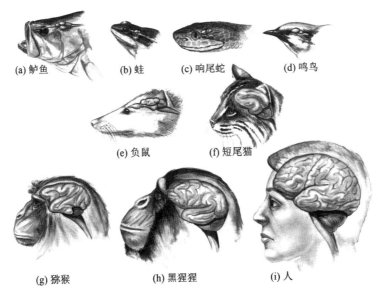

(a) 鲈鱼　　(b) 蛙　　(c) 响尾蛇　　(d) 鸣鸟

(e) 负鼠　　(f) 短尾猫

(g) 猕猴　　　(h) 黑猩猩　　　(i) 人

图6　鱼类、两栖类、爬行类、鸟类、哺乳类的脑

相较于脊椎动物亚门的其他动物，哺乳类的完整脑较为完整。主要表现是：1. 大脑由大脑皮质、神经纤维髓质和基底神经节组成，高度发达，成为高级神经中枢。2. 新脑皮高度发展，大脑表面形成沟回——俗称"脑花"（如图6下），极大增加了脑皮面积，神经细胞数量大增。3. 大脑两半球还可以进一步划分为额叶、顶叶、枕叶、颞叶与岛叶等，各有一定的机能分工，蕴含着持续进化的潜力。4. 大脑两半球间，出现了相互联系的横向神经中枢即胼胝体（单孔目和有袋类除外）。脑神经12对。

哺乳纲中，灵长目的完整脑更为完整，而人科人属的脑则是迄今为止发展程度最高的完整脑。与一般哺乳动物的完整脑相比，人类的脑又有一些新的进化。第一，人类的脑重与体重比进一步加大，相对来说脑容量进一步扩充了，增加的容量主要是新脑皮部分。第二，人类脑的大脑出现功能区分，左右半脑形成特定优势。专业术语称为一侧优势，一侧优势现象仅见于人类的脑。第三，人类的脑，皮质化程度更高，这一点肉眼可见。

035 完整脑有什么特别的呢

对于没有完整脑的低级动物来说，它们的行为可谓是无脑的。对具有完整脑的高级动物来说，它们的行为才可能是有脑的、过脑的。具有完整脑的脊椎动物，处理感觉信息的步骤如下。

第一步，各种感觉信息快速传递给脊髓和完整脑。

第二步，脊髓和完整脑综合地、集中地处理这些感觉信息。

第三步，脊髓或完整脑快速输出NES，下达动力学行为指令。

第四步，过程中的NES最后都会被完整脑复写、储存、调用，完整脑中的大脑发挥着复写、储存、调用的核心功能。

这样的处理方式，表现在行为上，就是脊椎动物的动作不仅协调、整体、连贯，而且看起来好像是练习过多遍的，就像"排练"过的。总之，这些看起来有目的、有意向、"有意为之"的行为方式，其实已经宣告了意识的诞生。

正是从这个意义上，我们说完整脑的进化产生，是动物生命史上的第二个里程碑。由于这些"有意为之"的行为特征和人类很相似，使人感同身受，所以我们很容易在自然界里观察到：鱼儿反复试探鱼钩上的饵；求偶季，雄棕尾伯劳给雌鸟喂食；落单鬣狗呼唤等待同伴，以围捕大型猎物；当然，人类的远亲黑帽卷尾猴更厉害，它们会用合适的石头砸开坚果，取食果肉。

这种"有意为之"的特性，就是下一章要讨论的重点，属于心智范畴的意识。它是感觉进一步演化的产物，它诞生于完整脑。

036 神经进化之路上的能量牢笼

动物选择了神经进化之路，它们获得了其他生命所不具有的、自主运动的动力学性能优势，但同时也一脚跨进了能量的牢笼。

生命由原子物质、分子物质构成，生命就是一个质量系统。生命必须展现一定的内能、外能和能量循环，生命同时还是一个能量系统。因此完全可以说，生命就是一个质能系统。

对没有神经的生命来说，其质能系统简单稳定，在我们看来就是它们不容易死去。比如植物、真菌、细菌，很容易地就解决了能量问题，它们似乎很不容易死去；而病毒则更厉害，它们就算"死去"变成晶体了，也能再活过来。我们很难掐死一个细菌，也很难饿死一个病毒，就是这个道理。

对具有神经的生命，也就是动物而言，它们需要维持非常复杂的稳态，它们解决能量问题就没那么容易了。在我们看来，就是它们终日奔波劳碌、蝇营狗苟，经常忍饥挨饿，搞不好就很容易"嗝屁"。出现这一现象，除了前述的动物细胞分化过细的原因，还有一个原因，就是神经系统这套装备虽然好处多多，但也有一个坏处，那就是耗能。

神经细胞数量很多、回路很长。动物越是高级，其神经细胞数量越多、回路越长。人体的神经细胞数以千亿计，神经回路足以绕地球赤道好几圈，这样的物质系统工作起来，当然耗能。神经细胞工作时，伴随着大量的静息电位变化，这需要消耗很多的能量。每个神经细胞的突触数目，平均近万个，激活这些突触也需要很多的能量。另外，突触之间、神经细胞之间，信息传递速度极快、频次极高，这也会消耗更多的能量。

因而，与没有神经的生命相比，动物时刻面临着能量难题。动物不知不觉跨进了能量的牢笼，它们成了能量的"囚徒"。这里的它们，显然也包括了我们。

本章小结：

感觉是动物神经的高阶反映。感觉来源于生命的反映。

感觉诞生于动物神经，感觉是一种NES物质，感觉是物质的。

第四章　心智的诞生——高级动物的意识

经过了心智的沃土——反映阶段，心智的种子——感觉阶段，至少32亿年时间长河的演化洗礼之后，大约4亿年前，高级动物终于来到了心智的大门口，萌发出了初阶心智——意识。进门之前，先回顾一下意识诞生的两条线索。

037　心智诞生的线索

第一条线索，神经进化之路。一路走来，动物从神经细胞，到神经节，到神经系统，再到中枢神经系统，终于由脊椎动物迈向完整脑这一步。相应地，动物行为也从散漫分裂，到有点协调性和全身性，最后达到协调、整体、连贯，甚至是"有意为之"的程度。

第二条线索，"反映—感觉—意识"进化之路。36亿年前，早期生命从反映出发；到至少5亿年前，动物的感觉；然后来到4亿年前，脊椎动物的意识。

在这两条线索上，神经细胞的进化产生是第一个里程碑，完整脑的进化产生是第二个里程碑。如表1。

表1　心智诞生的线索

阶段	心智的沃土	心智的种子	心智的诞生
时间	反映阶段（36亿年前）	感觉阶段（至少是5亿年前）	意识阶段（4亿年前）
种类	所有生命	具有神经的动物	高级动物包括人
形式	七大重要反映等	五大感觉、痛觉、平衡觉等	初阶心智，意识

038 为什么完整脑产生了意识

前面说，感觉是动物神经的高阶反映。相应地在此我们说，意识是高级动物完整脑的高阶感觉。

先回放一下，反映是怎样提升到感觉的。第三章探讨过，动物细胞的各种信息经神经细胞接收、收集，整合加工为NES，这就是感觉。是神经，将动物从反映层次提升到感觉层次。

接下来看看完整脑是怎样将脊椎动物从感觉层次提升到意识层次的。由于当前自然界里，仅在脊椎动物中进化出了完整脑，因此接下来的探讨范围聚焦到了脊椎动物亚门。

通常，意识包含"知、情、意"三部分，即情感、认知、意志。下面以脊椎动物如何形成情感意识为例，看看意识是怎样诞生于完整脑的。情感和感情是一回事，情感可以从字面上理解为感觉和情绪的加和：如果在感觉的基础上添加一些情绪，就是情感。

感觉产生于神经细胞，已经很清楚了。那么情绪是怎么产生的呢？或者说为什么完整脑产生了情绪，并与感觉加和产生出情感了呢？

"魔术"，就发生在完整脑对感觉信息的处理步骤和处理方式里。先说处理步骤，奥秘就是上一章结尾提到的完整脑处理感觉信息的第四步：NES都会被完整脑复写、储存、调用。再说处理方式，没有完整脑的动物，由神经细胞、神经节或脊髓，整合加工并输出NES；拥有完整脑的动物，由脊髓或完整脑，整合加工并输出NES。

当脊索动物还没有完整脑的时候，比如原索动物，它们的感觉细胞收集到的信息，都交由脊髓和脑泡处理。脊髓按节段处理这些信息，形成NES——感觉。此时原索动物的躯体，收到的是反射性行为指令。此时，包括原索动物在内的低级动物的感觉是短暂的、简单的；行为指令是反射性的；过程中的NES也不会被再次调用。总之，体现在行为上，就是低级动物的行为有明显的反射性、因果性。轻刺低级动物的左边，它就一定往右边避让，它不会去想为什么你老是刺它的左边。就好像你老是刺它的左边，它似乎也不生气，因为它没有情绪。此时低级动物展现的行为，是本能的、无脑的、无意识的，看不出"有意为之"的迹象。

海鞘是一种原索动物，其成体看起来根本不像动物，而像植物（像摇曳的花丛）。海鞘幼体甚至有一点点脑泡，它随波逐流，找到理想生境后就下沉海底，开始附基营固着生活。一旦固定好，海鞘会做出一个让人瞠目结舌的举动：消化掉自己正在发育的脑泡。吃掉自己的脑子，真够狠的！可见，有些低级动物根本不需要脑，更不需要情感、认知和意志。

而高级动物对感觉信息的处理，出现明显改变：脊椎动物的感觉细胞收集到的信息，都交由脊髓或者完整脑处理。正是这一改变，带来了质变。

第一种情况，当感觉信息只交由脊髓处理，而不经过完整脑的时候，称之为**不过脑模式**。

不过脑模式，与刚才介绍的海鞘的处理方式和处理结果是一样的。此时，脊椎动物的感觉也是短暂的、简单的，行为指令也是反射性的。以人的膝跳反射为例。假设有人偷偷地（请注意是偷偷地）轻叩你的肌腱，这个"刺激"信息，快速传递到脊髓，脊髓处理后经神经回路迅速输出一个NES，你的效应器如肌肉按信号指令或者说按"兴奋"行事：收缩股四头肌、小腿急速前踢。此时按下暂停键的话，你会产生感觉——叩击的触觉和痛觉，也会有相应的行为反应即"反射"，但你不会产生情绪，这一刹那间你根本不会有喜怒哀乐的情绪。此时你有感觉，但因为没有情绪加和进来，因而你不会有情感。

再取消暂停键。极短的时间内，你就会启动人脑参与这个过程，你会调用此前已经存储于人脑里的NES，对这一"刺激"进行整合加工，然后由人脑经神经回路输出一个整体性的、综合性的NES，你的效应器会按信号指令行事。如果叩击你的人是个猥琐的同性，你调用的是有关猥琐同性的愤怒NES，那么你的面部肌肉就会扭曲、眼轮匝肌就会后缩——你看起来就怒目而视；如果是个迷人的异性，你调用的是有关迷人异性的暧昧NES，那么你的面部肌肉就会放松、眼轮匝肌就会前覆——你看起来就笑眯眯的。很显然，取消暂停键后，由人脑调用的愤怒或暧昧的情绪参加了进来，情绪和叩击感觉一加和，情感就产生了。

情感是一种意识，情感诞生了，意识也就诞生了。意识属于初阶心智，此时，心智当然也就诞生了！

完整脑是意识产生的生物基础，完整脑对感觉的处理发生了质的提升：各种感觉信息输入完整脑，完整脑整合加工为NES，这就是意识。感觉信息交由完整脑处理时，才会质变为意识。

如果说，感觉是动物神经活动的结果的话，那么意识就是高级动物高级神经活动的结果。因此，意识可以理解为是经过完整脑综合处理之后的高阶感觉，意识就是完整脑处理感觉时形成的NES物质。

诚如上述，低级动物无完整脑不具有意识，它们的行为是因果性的、反射性的。而高级动物有完整脑具备意识之后，它们的行为就不是反射性的，而是综合性的；不再是因果性的，而是具有随机性。比如，如果拿针去扎高级动物的左边，它们就不像低级动物一定往右边避让那样，而是可能往右边避让，也可能向左边反击，等等。如果你老是扎它们的左边，它们就不像低级动物那样不生气，而是肯定会生气的，因为它们已经有了情绪。

复盘来看一看第二种情况。当感觉信息不是交由脊髓而是交由完整脑处理时，称之为**过脑模式**。

此时，完整脑接收到感觉信息后，会同时调用完整脑里存储的NES，与感觉信息一起整合加工。完成这些步骤后，完整脑会形成一个整体性的、综合性的NES，这个信号已经包含了感觉内容和情绪内容，它给动物带来了情感。这个信号经神经回路下达，动物的躯体会按其动力学指令行事。此时，高级动物就不是产生短暂的、简单的感觉，而是产生持续的、复杂的情感；此时的行为指令就不是反射性的，而是整体性的、综合性的。

这有点复杂，还是以膝跳反射为例，详加说明。假设有人邀请你（请注意不是偷偷地）做膝跳反射实验，多次轻叩你的肌腱，这些感觉信息快速传递到你的人脑。人脑接收到这些感觉信息后，会同时调用人脑里存储的NES，有可能是愉悦的、厌烦的、愤怒的等，这取决于当时的情境。如果实验报酬可观，轻叩你的人又是个迷人的异性，你调用的可能是愉悦；如果实验没有报酬，而且环境糟糕，你调用的可能是厌烦；如果实验没有报酬，环境糟糕，而且轻叩你的人是个猥琐的同性，你调用的可能是愤怒。你的人脑将输入的感觉信息和调用的情绪信息整合加工后，形成一个整体性的、综合性的NES，这个信号包含了感觉内容和情绪内容，它给你带来了情感，可能是愉悦、厌烦、愤怒，也有可能互相掺杂，产生一种说不清楚的情感。和简单的、短暂的感觉不同,情感是复杂的,而且还能持续一段时间。与此同时,你的效应器,当然也会按此NES的指令行事。

至此逐渐接近真相了。脊椎动物有没有情感?脊椎动物的感觉活动是否形成情感,取决于脊椎动物对感觉信息的处理方式:当完全由脊髓处理感觉信息,即不过脑模式时,只有感觉没有情绪,因而没有情感,此时脊椎动物的行为看起来就是无情的、本能的、不过脑的、无意识的;当由完整脑来处理感觉信息,即过脑模式时,完整脑会调用情绪,此时脊椎动物既有感觉也有情绪,因而就有了情感,其行为看起来就是有情的、后天的、过脑的、有意识的。

先拿脊椎动物中进化地位较低的鱼类举例。钓友们都知道,没有咬过钩的饥饿的鱼,看见肥美的饵料会猛扑上去,一口咬住。此刻支配鱼的是脊髓,此时鱼只有饥饿的感觉没有情绪,因而也没有情感;如果旁边刚好有一条小鱼,它会无情地把小鱼冲走,其行为看起来是无情的、本能的、不过脑的、无意识的。如果是咬过钩的饥饿的鱼,即使是再肥美的饵料,它也不会猛扑上去。此刻支配鱼的是鱼脑,此时鱼有饥饿的感觉也有了怀疑的情绪,因而也有了情感;如果旁边刚好有一条小鱼,它甚至会"礼让"小鱼先去咬一咬饵料,其行为看起来就是有情的、后天的、过脑的、有意识的。个别钓友可能会跳起来反对说,咬过钩的鱼一样会猛扑上去,一口咬住。确实会有这种情况,这涉及鱼的瞬间记忆。因为鱼脑还不够发达,人们认为鱼的瞬间记忆只有3—7秒,它很健忘。其实,鱼的长期记忆也很不错的,俗话说"鸟有鸟道,鱼有鱼道",鱼对鱼道的长期记忆也蛮厉害的。记忆也是心智的一部分,下三个节段就会讨论记忆。

当然,情感也是有发展阶段的,有其从无到有、从弱到强的发展过程。在意识概念中,以完整脑作为划分"鸿沟",是靠谱的。没有完整脑的动物,一点情感意识都没有,几乎都是冷血(变温)动物。有完整脑的高级动物,才开始具有情感。鸟和哺乳动物的完整脑相当完整,它们还是温血(恒温)动物的代表,它们的情感也逐渐丰富起来。完整脑越不发达,情感意识就越稀薄;完整脑越发达,情感意识就越浓郁。

因为鱼类在脊椎动物中进化地位比较低,又是冷血动物,说鱼具有情感意识很多人可能接受不了。如果拿进化地位较高的温血动物狗来举例,估计很多人就能接受了。

　　养过狗的人都知道，饿狗嗅到鲜美的碎肉饼，也会猛扑上去，一口咬住。此刻支配狗的是脊髓，此时狗只有饥饿的感觉没有情绪，因而也没有情感；如果旁边刚好有一条小狗，它会无情地把小狗冲走冲倒，其行为看起来完全是无情的、本能的、不过脑的、无意识的。人们把狗的这种行为称为本能护食行为。如果狗主人大喝一声，或者这条狗曾经因此"吃过大亏"，即使是鲜美的碎肉饼，狗也不会猛扑上去。此刻支配狗的是狗脑，此时狗有饥饿的感觉也有了怀疑的情绪，因而也有了情感；如果旁边刚好有一条小狗，它甚至会"礼让"小狗先尝，其行为看起来是有情的、后天的、过脑的、有意识的。

　　最后，拿狗和进化地位最高的人再举一例。你和宠物狗拥在沙发上，享受静谧时光。假设窗外飘进来若有若无的歌声，你和狗都会有反应：狗听到声音，它是用脊髓去处理这个声波刺激，因而它只是本能地动了动就安静下来，没有任何情感；你听到声音，你不仅用脊髓去处理这个声波刺激，你还调动人脑里的情绪去参与处理，因而你不仅动了耳朵，还有情感波动。又假设窗外飘进来若有若无的狗粮的味道，你和狗都会有反应：你闻到气味，你是用脊髓去处理这个气味刺激，因而你只是本能地鼻翼微蹙就安静下来，没有任何情感；狗闻到气味，这款狗粮恰好又是它的最爱，它就不仅用脊髓去处理这个气味刺激，还调动狗脑里的情绪去参与处理，因而它鼻翼偾张，还急不可耐以致汪汪大叫。

　　总之，对高级动物和人来说，处理感觉信息有过脑和不过脑两种模式。那么，到底有多少感觉信息是过脑的呢？据测算，绝大部分感觉信息是不过脑的，只有不到10%的感觉信息会交由完整脑处理。划重点来说，就是绝大多数感觉信息都是不过脑的"直觉"，只有不到一成的感觉信息会被过脑地、综合地处理为意识。

　　还有，不论是否过脑，在此过程中的感觉NES，都会送给脊髓或完整脑复写、储存，以备日后再次调用。这些存储的感觉NES，经过完整脑日夜不停地整合加工，最终成为意识存储起来。刚才提到的情绪，就是完整脑的存储物之一。所有这些储存物，同时还是情感、记忆、学习、梦、知识、灵感、精神、意志、信仰、道德、文化、审美等一切心智现象的源头活水。

039　从反映到感觉再到意识

现在，就反映、感觉和意识，做个小结。如表2。

反映，所有的生命都具有。反映活动过程，也就是普通细胞物质的活动过程，耗能较少。具备了反映能力对于很多生命来说已经足够了，所以自然界的绝大多数生命（99.6%以上）都停留在这一阶段。如细菌、真菌、植物等。

具有神经的动物，还有感觉。感觉活动过程，也就是神经细胞物质的活动过程，耗能较多。由于质能的制约，自然界只有一部分动物进化到了感觉阶段，动物重量占生命总重的0.4%。具备了反映能力和感觉能力，依赖本能，对于很多低级动物来说已经足够了。

高级动物还具有意识。意识活动过程，也就是完整脑物质的活动过程，耗能很多。同样受制于质能，自然界只有高级动物进化到了意识阶段（为什么说低级动物没有意识，【044】将一并回答）。高级动物的重量，在生命总重中的占比极低，仅为约0.03%。

表2　反映、感觉、意识对照表

层级	能耗	生命类别	生命重量占比
反映	较少	所有生命	约99.6%
感觉	较多	具有神经的动物	约0.4%
意识	很多	高级动物	约0.03%

反映是所有生命都具有的，生命具有七大基础反映性能。具有神经的动物都有感觉，动物具有眼耳鼻舌身等五大感官和相应的视觉、听觉、嗅觉、味觉、触觉等五种感觉。高级动物更进一步，进化出完整脑这一器官，这给高级动物带来了初阶心智——意识。意识相当于是感觉的综合、综合的感觉，是更高阶的感觉，因而有"眼耳鼻舌身意"的说法。但其实将意与感官并列不合适，将意与感觉并列更合适，所以改为"视听嗅味触意"更贴切。同理，将脑与五大感官并

列，称"眼耳鼻舌身脑"更贴切一点。眼耳鼻舌身脑，对应着视听嗅味触意。

所以说，具有完整脑才可能产生意识，感觉信息交由完整脑处理时才会产生意识。或者说，**感觉信息交由完整脑，由完整脑再加一点"料"综合处理时，才会产生意识。当然，感觉是NES物质，完整脑添加的这点"料"，是完整脑储存的NES物质，所以意识仍然是NES物质**[1]。

040 意识之一：情感

刚才，拿情感举例，说明了意识是如何产生的。在此顺带解释一下情感。

感觉是情感产生的物质基础，情感来源于感觉，是"加了料"的感觉。情感是由完整脑产生的，具有完整脑的高级动物才有情感。完整脑越不发达，情感意识就越稀薄；完整脑越发达，情感意识就越浓郁。腔肠动物、软体动物、节肢动物、棘皮动物等低级动物有感觉没情感，因为它们有神经没完整脑；鱼类有稀薄的情感，因为鱼类完整脑还不够发达；宠物狗有浓郁的情感，因为犬科完整脑相当发达。所以在"宠圈"，饲养哺乳类宠物的，经常分享人与宠物的情感互动；饲养爬虫、两栖、鱼类宠物的，较少报告人与宠物的情感互动；而饲养低级动物如昆虫的，则基本未见有情感互动的情况。

情感是一种NES物质，具有某种NES物质就会有某种情感，不具有这种NES物质就不会有这种情感。

脊椎动物并不是每一次感觉活动都形成情感。是否形成情感，取决于对感觉信息的处理方式是否过脑。运用过脑处理方式，才会产生情感，反之则无。

041 意识之二：记忆

谈完情感之后，我们把高级动物具有的几个主要的意识活动现象分别探讨一下。由于人也是高级动物，所以这几个意识活动现象，人也都具备。第二个意识活动现象是记忆。记忆是对经历过的事物的识记、保持、再现或再认。心理学家

---

[1] 参看 *The Cambridge Declaration on Consciousness*（《剑桥宣言》）。

和脑科学家认为，人的记忆与人脑海马结构、人脑内部的物理化学变化有关。

和情感意识一样，记忆是高级动物才有的心智现象。低级动物没有记忆。人，包括很多脊椎动物，才开始有记忆。记忆就是完整脑对经历过的感觉的**显性**的复写、储存和调用。记忆对高级动物包括人，都非常重要。对人来说，记忆同时还是人脑进行思维、想象等高级心智活动的基础。

那么记忆到底是怎样产生的呢？就是上文强调过的一点：不论是第一种情况，还是第二种情况，在此过程中的感觉NES，都会送给脊髓或完整脑复写、储存，以备日后调用。这些存储的感觉NES，经过完整脑日夜不停地整合加工，最终成为意识存储起来。

其一，记忆来源于完整脑复写、储存的感觉NES。完整脑会复写、储存所有的感觉NES，这是一个海量的数据库。脑海、脑海，完整脑里面确实有一个NES的"大海"，但其中只有一小部分的"浪花"能转化为记忆。要想将完整脑复写、储存的感觉NES转化为记忆，需要人或动物做出一些物理的或化学的努力，所以记忆的产生往往伴随着脑内物理的和化学的轻微变化。换言之，要想形成记忆，脑内必须要形成神经物质印痕。一方面，形成这个物质印痕并不容易。比如，要想在应试教育考试中拿到高分，考生常常背书累到半死。另一方面，确实有人记忆力超群，他们看似花费很小的努力就能记下很多东西。但他们的记忆只是瞬间记忆而已，神经物质印痕并不深刻；如果拿长期记忆来比，人和人的差别其实并不大。

其二，由于形成记忆需要后天做出一些努力，所以记忆都是后天的、显性的。先天的"记忆"，如低级动物帝王蝴蝶对迁徙路线的"记忆"、高级动物大马哈鱼对洄游路线的"记忆"，都不算记忆。还有，记忆都是显性的，没有隐性的记忆。用大白话来说就是，记忆都是有意识地记忆，我们不可能无意识地记下任何东西。日常所说的无意中记下了某某信息，那是不对的。此种情况只是因为，你想不起你付出的物理或化学的后天努力而已。就像卡通片《千与千寻》里的旁白："人经历过的事情是不会忘记的，只是暂时想不起来而已。"

其三，所有的记忆，都必须经过完整脑。没有完整脑的生命是没有记忆的，有完整脑但不过脑也不会形成记忆。也就是说，属于中枢神经系统的脊髓虽然很重要，但它无法单独产生记忆。这和情感的产生机制也是类似的，脊髓也无法单独产生情感，因为脊髓没有"加料"的功能。这里还涉及潜意识和显意识。记忆属于显性意识，而脊髓复写、储存的NES，绝大部分都属于潜意识范畴，所以脊髓无法单独产生记忆。

最后，从思辨的角度来看，如果把脊髓和完整脑复写、储存NES的过程，理解为广义记忆的话，那么其中显性的部分，就是此刻正在讨论的狭义记忆。所以我们特别强调了"**显性**"二字，认为记忆是完整脑对经历过的感觉的**显性**的复写、储存和调用。

例如，记仇就个有趣的记忆现象。植物没有神经，从没听说过植物记仇。低级动物无完整脑无意识，没有记忆因而也不记仇。但也有人认为，某些低级动物能形成记忆，比如民间就认为马蜂能记仇（马蜂到底"记不记仇"，【044】将一并回答）。高级动物有完整脑有意识，因而高级动物开始记仇了。三大记仇动物：蜜獾、大象、乌鸦，它们都是高级动物。完整脑越发达，记仇能力越强。人脑最发达，因而人最能记仇，这一点恐怕没人否认。

再如，肌肉记忆是怎么一回事？竞技体育中，教练和运动员都明白要提高成绩，最好是形成肌肉记忆。所谓的肌肉记忆，只是借用了心理学的记忆概念而已。肌肉记忆的目的是形成条件反射，通过反复训练使得运动员的动作指令最好全部由脊髓做出，而不要过脑，这样就能省掉信号过脑的时间，从而在赛场上赢得了几毫秒的竞技优势。冷兵器时代训练士兵，重视脊柱不重视脑，反复操练军器，比如快速拔刀的动作，也是为了在战场上赢得几毫秒的优势。

还有，为什么我们记不住三岁之前的事情？其实，这个问题并不准确，准确地说，应该是成年后为什么回忆不起来三岁之前的事情。这里隐含了两层意思，第一层意思是三岁之前是有记忆的；第二层意思是我们只是没办法回忆起来这段记忆。

婴幼儿期是有记忆的，这一点毋庸置疑。婴儿一出生，其人脑就相当完整，很快就进入了工作状态，当然也会有意识和记忆。例如，四岁时能记得三岁时的事情，五岁时能记得四岁时的事情，只是随着年龄的增长，慢慢地就不记得三岁之前的事情了。不仅人是这样的，拥有完整脑的幼兽也是这样的。研究表明，幼鼠、奶狗都有记忆，它们长大后，也一样不记得"小时候"的事情。

那么，成年后为什么无法回忆起婴儿记忆呢？一些脑科学家认为，婴儿的海马体尚未发育成熟，因此无法形成长期记忆。一些心理学家则认为，婴儿期的记忆大部分都转化为潜意识，很难被调用，无法被成年后的我们激活。一些语言学家认为，因为婴儿还没有掌握语言，因而无法形成长期记忆。少数精神分析学家更是认为，婴儿期的记忆，往往是痛苦的、压抑的记忆，例如被换尿布、号啕大哭等，成年后的我们不愿意调用这些内容，久而久之就失忆了。

以上观点见仁见智，莫衷一是。真实情况是：失忆只是部分婴儿记忆的丧失，有些婴儿记忆却能牢记终生。

为什么说有些婴儿记忆，我们甚至能牢记终生呢？婴儿记忆中，有少量特别具体的记忆，这些记忆我们可能会终生牢记。例如，婴儿时期习得的手指抓握技巧、掰脚趾的技巧等，这些我们会一辈子记住的。这和学会游泳就终生不会忘记游泳是一个道理。动物也是这样的，幼鼠和奶狗，它们同样会将特别具体的经验和技巧，好比辨别气味的技巧等，牢记一生。

实际上，因为形成记忆需要做出一些努力，婴儿显然没有必要浪费质能付出这个努力，这就是"婴儿失忆"的根本原因。另一方面，婴儿期的少量特别具体的经验和技巧，重复和模仿的频次非常高，导致婴儿的小脑袋里发生了物理的或化学的变化，神经物质印痕较深，这就是我们能牢记终生的原因。

总的来说，感觉是记忆产生的物质基础。记忆来源于感觉，记忆是由完整脑产生的，具有完整脑的高级动物才有记忆。完整脑越不发达，记忆就越稀薄、越短暂；完整脑越发达，记忆就越浓郁、越持久。腔肠动物、软体动物、节肢动物、棘皮动物等低级动物有感觉没记忆，因为它们有神经没完整脑；鱼类有短暂的记忆，因为鱼类完整脑还不够发达；宠物狗有持久的记忆，因为犬科完整脑相当发达。

记忆是一种NES物质，记忆还必定伴随着物理的或化学的物质变化，记忆是物质的。

042 意识之三：学习

刚讨论完记忆，趁热打铁，接着讨论学习。这里所说的学习，是心理学和脑科学的概念，和口语说的"学生以学习为主"的学习，有很大不同。

　　什么是学习？拥有完整脑的高级动物，特别是人，后天通过获得经验和技巧而产生的相对持久的行为方式，就是学习。

　　首先，学习是高级动物的一种行为，它受意识指挥。没有意识的生命，包括低级动物，它们都没有学习行为。比如捕蝇草、草履虫、水母、蚯蚓、蝗虫、海鞘等，是不会有学习行为的。

　　其次，获得经验和技巧，需要高级动物模仿和重复意识活动，例如反复思考、反复练习等。因此学习的实现方式，最主要的就是模仿和重复。所谓"学而时习之"，学，有模仿之意，如有样学样；习，有重复之意，如练习复习。心理学上讲，模仿、重复就是学习。小奶猫反复扑腾鸡毛，小奶狗反复抓啃树枝，都是在模仿和重复，也就是在学习。捕蝇草、草履虫、水母、蚯蚓、蝗虫、海鞘就不会模仿和重复，因而也不会学习。我们熟悉的巴甫洛夫条件反射，其训练狗的手段就是重复，实质是人为引导的高级动物的学习行为。只有高级动物才可能有学习行为，即使是巴老先生亲自操刀，他也无法让低级动物和植物学习起来。

　　再次，学习是后天的行为，因此先天性、本能性行为不是学习行为。先天性、本能性行为，与遗传有关，与后天的学习无关。例如，刚孵化的小海龟奋力地爬向海洋、新生婴儿急切地寻找乳头，这些先天本能都不需要学习，也不是学习能学得来的。

　　很多潜意识的行为是先天或本能的，但也有一些潜意识的行为，与后天学习有关。例如，人突然踏空，此时显意识来不及通过人脑发出综合性的指令——整体性的解决方案，只能是潜意识通过脊髓发出反射性的指令——应激性的解决方案。如果此前踏空过多次，这个人大概率会做得很好，不会跌跤；如果没有踏空过，即没有学习踏空的经验，他大概率会跌得很惨。小孩子踏空的话，经常跌个嘴啃泥，就是因为小孩子还没有学到踏空的经验。所以，潜意识与后天、本能并不完全相同，有些潜意识也是学习训练来的。

　　这里顺便交代一下NES的传递速度。从上例"踏空—反射"可以看出，NES的速度是多么快！NES的速度不够快的话，对动力学性能要求很高的高级动物而言，就是致命的。

　　首先，由神经纤维连接起来的神经回路里，以及电突触之间，传导的主要是电信号，这是光速级别的信号。平常，我们形容感觉快、意识快，会说"一念之间""电光火石之间",电啊光啊,都是速度最快的。至少是5亿年前,生命还在"坐水牢"的时候,多细胞动物就选择进化出神经细胞,并选定电信号作为神经系统堪称完美的传导信号。

其次,神经系统就算是传递化学信号,其速度也很快。化学信号,主要在化学突触间产生,以旁分泌等方式传递。动物神经传递化学信号的平均速度,达到每秒数百米,这比植物传递化学信号,要快一万倍。可见,神经系统传递化学信号,虽然没有传导电信号那么快,但已经是相当快了。

由此还引出心智活动的时延问题。反映需要时间,感觉需要时间,心智活动也是需要时间的。

反映阶段的物理信号、化学信号和生物信号,感觉和心智阶段的NES,这些信号在传递的过程中,都有时延。当传递的不是电信号,而是其他物理的、化学的、生物的信号之时,这个时延会比较长,此时生命的反应看起来就"慢半拍"。比如,长颈鹿已经啃了一大片金合欢树叶了,金合欢树才开始分泌毒素来防卫长颈鹿。

当传递的是电信号的时候,也有时延,只是这个时延很短。这很像通信系统的工作原理:两个人之间的语音电话,总有一点点时延;通信路由越复杂,时延越长。首先是神经回路很长,例如人体神经回路的总长有十几万公里,即使是传导光速(30万千米/秒)级别的电信号,多多少少也是需要时间的。其次是神经系统非常复杂,NES的产生、传导、储存,都伴随着复杂的生理反应,这些复杂反应更需要时间。此外,神经细胞的开合、递质的分泌与渗透、信号的编码与解码也都需要时间。

上述的几个例子,已有暗示:与人脑反应速度相比,脊髓反应速度更快一点点。这是因为人脑神经回路比脊髓神经回路复杂得多,所以通过人脑发出综合的、整体性的神经指令,比仅通过脊髓发出本能的、反射性的神经指令,始终要慢那么一点点。慢一点点,到底是慢多少呢?据估算不到40毫秒(1秒=1000毫秒)。

最后,学习这种心智活动是有发展阶段的,有其从无到有、从弱到强的发展过程。没有完整脑的动物,一点学习行为都没有,有完整脑的动物才开始有学习行为。温血动物的学习行为较强,哺乳动物的学习行为达到了高峰。完整脑越不发达，学习行为就越弱；完整脑越发达，学习行为就越强。观察动物子代和亲代的关系，可以印证这一点。

低级动物，一般采取裂生、芽生、卵生、卵胎生等方式繁殖，亲子关系淡漠，子代不需要向亲代学习。少数物种存在子代在孵化前，还需要亲代照料的现象，如狼蛛。但孵化后的子代马上离开，也不需要向亲代学习。黑色花边织布蛛更"绝情"，刚孵化的幼蛛甚至会分食掉还在精心照料着它们的"母亲"。

高级动物，一般采取卵生、卵胎生、胎生等方式繁殖，亲子关系逐步转向亲密，多数情况下子代需要向亲代学习，子代在孵化后还需要亲代照料的现象大量出现。以完整脑还不够发达的冷血的鱼类为例。大多数鱼卵生，子代不需要亲代照料，如大马哈鱼；一些需要亲代照料孵化，如蛇鱼（俗称黑鱼、财鱼）；极少数不仅需要亲代照料孵化，孵化后还需要亲代继续照料并向亲代学习，如口孵鱼类。进化到完整脑发达的温血的鸟类、哺乳类时，子代普遍需要向亲代学习，亲子关系也更为亲密。

到人类时，这一现象发展到了极致。人类子代甚至终生要向亲代学习，亲子终身保持亲密关系。

现在是时候回答引言里提到的，"狮子从下风口接近猎物，蜘蛛从上风口放飞蛛丝"【001】是不是有意识的行为这个问题了。狮子是脊椎动物，具有完整脑，它从下风口接近猎物是有意识的行为，这一行为需要小狮子从它的亲代那里有意识地习得。蜘蛛是节肢动物，没有完整脑，它从上风口放飞蛛丝不是有意识的行为，这一行为不需要幼蛛从它的亲代习得。

还可以断定，狮子的上述行为指令是狮脑接收到感觉信息，经过整合加工后发出的综合性的指令——有意识的整体性的解决方案，所以说脊椎动物狮子具有意识也有心智。蜘蛛的上述行为指令是蜘蛛神经细胞体（类似脑泡的神经泡）接收到感觉信息后，凭感觉发出的反射性的指令——本能的应激性的解决方案，所以说节肢动物蜘蛛不具有意识更没有心智。

043　意识之四：经验与技巧

这里的经验与技巧，包括了小窍门、小诀窍、小技能等。经验与技巧，不是先天遗传的，而是后天习得的。后天习得和先天遗传相对应，这两个词言简意赅。习得经验和技巧的要诀，还是模仿和重复。

习得经验和技巧并不需要太多的抽象【057】，一些高级动物也有学习能力，因而也有经验和技巧。例如，猫科动物幼年时需要向亲代学习很长一段时间，主要是学习生存经验和捕猎技巧。经验和技巧，属于显意识层面，无法先天遗传。从小在人工饲养环境长大的猫科动物，放归野外只有死路一条，因为它们无从习得生存经验和捕猎技巧。经验和技巧，对一些高级动物的生存至关重要。某些社会性很强的动物，如大象和猿类，会照顾老者。其在行进的过程中，会特意放慢脚步，等待老年个体跟上群体步伐。这当然不是伦理意识在起作用，而是潜意识在起作用。因为社会性动物的生存需要经验和技巧，通常老年个体有长时间后天积累的经验和技巧，比如最便捷的路线、食物和水源的位置等。

人类也需要学习经验和技巧，例如直立行走就是个需要学习才能掌握的技巧，这并不是人类的先天能力。只不过人类的学习途径比野生动物多多了，除了父母可以教授孩子经验和技巧，其他长辈和老师也能教授。此外，即使无人教授，因为人类具有语言和文字，我们也能通过读书、听音频、看视频，来习得经验和技巧。另外，习得经验和技巧并不需要太多的抽象，因而一些抽象能力不足的人，也能很好地习得经验和技巧。例如，一些智障人士，他们语言能力很差，抽象思维能力当然也不行，但是他们却可以很好地习得某一方面的技巧。比如煎鸡蛋。个别有爱心的餐厅，雇用智障人士煎鸡蛋，他能根据客人伸出的手指头数，准确地把握煎鸡蛋的生熟程度，令食客大为赞叹。

如果去看大马戏，那么你对动物"演员"的经验和技巧，将印象更深。那些经过驯兽师训练的动物，它们可以做很多高难度的动作，这都是模仿和重复的结果。不知大家注意到没有，这些动物大多是哺乳动物。原因清楚得很，因为只有脊椎动物具有完整脑，这样才有意识，也才有学习能力。哺乳动物的完整脑更完整，学习能力更强，因而才能后天习得这些"演技"。

自然地理频道的节目里，摄影师经常展现纯野生高级动物的"演技"。这些动物，怎么长成戏精了？原因是，脊椎动物具有意识，部分脊椎动物确能后天习得精湛的经验和技巧。

至于人类中的政客和演员的演技，也属于经验和技巧之列，当然也是后天习得的，没有人天生就会表演。一些演员想哭就哭，想笑就笑，演什么像什么，他们怎么做到的呢？那是因为他们受过专业训练，或者刻苦努力自学成才，他们掌握了情感意识的NES，学会了驾驭这个神秘的物质。戏精们调动头脑里的悲伤NES，就立即流出眼泪来了；调动欢乐NES，就马上破涕为笑了。政客和演员，都会花费大量的时间和精力，对着讲稿/剧本、对着选民/观众、对着镜子/镜头，一遍又一遍地模仿，一遍又一遍地重复。这里的模仿和重复，就是学习。演技是学来的。

我们揶揄政客和演员，但必须清醒地认识到，我们跟政客和演员也差不离。在异化的社会生活中，除了刚出生的婴儿和失智患者，每个人都是演员，我们都必须学习演技。"人生即舞台，人人是演员，个个在演戏。"——莎士比亚如是说。

意识是物质的，经验和技巧来源于意识，经验和技巧当然也是物质的。经验和技巧就是完整脑的一种NES物质，是一种神经物质印痕。高级动物或人，按照这个NES的动力学指令行事，在行为上就表现为经验或技巧。

044　意识之五：点子

点子，也属于人和高级动物都具有的心智活动现象。这里所说的点子，是指不需要过多的抽象，经过意识活动即可产生的解决问题的主意。这里的点子，与平时所说的办法、创意、文案、专利等，完全不在一个层次上。很多脊椎动物都有点子。

当今社会，视频资讯爆炸，网上也很容易看到展示动物点子的视频。排除摆拍造假的因素，应该说，确实很容易观察到高级动物的点子。例如，乌鸦有投石喝水的点子，海鸥有设饵诱捕鱼儿的点子，猩猩有叠垒箱子取食香蕉的点子，日本猕猴冬季有泡温泉取暖的点子（如图7）等。要注意的是，点子不是先天遗传的，而是后天习得的；不是动物本能的行为，而是"有意为之"的行为。比如，日本猕猴天生是怕水的，泡温泉的点子显然是后天习得的。动物先天遗传的"点子"，如某一类的蛇和蜥蜴都会装死，那是本能，不是点子。

图7　冬季，日本猕猴泡温泉取暖

　　这说明很多高级动物和人一样，具有点子意识。只是人类的点子，更多，更复杂，更智能，算法更精而已。另外，也要看到，从来没有发现低级动物有点子。为什么呢？因为它们没有完整脑，也即没有意识。没有意识，就不可能产生有意识的点子。

　　意识是物质的，点子来源于意识，点子当然也是物质的，点子就是一种NES物质。完整脑里具有某个NES物质就会有某个点子，不具有这个NES物质就不会有这个点子。比如，温泉附近的日本猕猴才会泡温泉，远离温泉的猕猴就不会泡温泉。

　　前面说低级动物没有意识，现在又说低级动物没有点子，估计会有较大的争议。在此尝试一并给予解答。

　　争议，集中在低级动物的个别明星物种身上。比如，软体动物章鱼好像特别聪明，它似乎会开盖取食。还有，昆虫中有种绰号为"摄魂怪"的扁头泥蜂，雌蜂会给蟑螂动"神经手术"，然后把卵产在蟑螂体内，蟑螂就像丢了魂一样地成为了泥蜂幼虫的活的"食物冰箱"。它们会不会有意识，有点子呢？

　　本书认为这类问题首要的判断标准还是完整脑。有完整脑才有意识，才可能有点子。低级动物中，个别物种的头/脑泡/神经泡可能很发达，这虽然给它们带来了敏锐的感觉和复杂的行为，但仍然没能带来意识和点子。换言之，个别低级动物是有敏锐的感觉量变，但因为缺少完整脑"加料"，所以它们仍然无法将感觉质变为意识；个别低级动物是有复杂的行为，但这些行为仍属于感觉层面，而没有质变到"有意为之"的程度。

其次，还可以通过"是隐性的先天的，还是显性的后天的"来甄别。如果这些聪明之处，是先天遗传的隐性的行为，那就不属于有意识的点子。比如，章鱼开盖取食凭的是先天能力，每一条章鱼都可能会，不需要也无法后天从另一条章鱼那里习得。日本猕猴泡温泉却是后天能力，并不是每一只猕猴都会的，需要也可以从其他日本猕猴那里习得。故后者是有意识的点子，前者是无意识的行为。

拿这两点来衡量，可知扁头泥蜂不具有意识更没有点子，亦可知前述的马蜂也没有记忆更不会记仇。

045 意识分类

接下来要探讨的意识活动现象，是梦。探讨梦，会涉及很多意识术语，先把意识分类的术语捋一捋。

第一个划分"鸿沟"是意识的内容，据此将意识粗略地分为知、情、意三部分。情感部分已有述及，高级动物都有情感。至于认知、意志，当前主流观点认为这是人类独有的意识。

第二个划分"鸿沟"是能否被意识，据此将意识分为潜意识和意识。大体上，潜意识就是无意识、下意识、不自觉；与潜意识相对应，人们将意识也称为有意识、表意识、显意识（即通常指的意识）。意识能否被意识到？意识意识本身，本身就是个难题。研究这个难题的第一人是弗洛伊德，他创立了精神分析学说，专门解剖自我。爱因斯坦使我们"看透了"时空，马克思使我们"看透了"社会，弗洛伊德使我们"看透了"自我，他们并称影响世界的三大犹太人。

20世纪20年代，弗洛伊德在研究精神病、歇斯底里症的过程中，发现不仅是心智病人，就算是正常人，在意识的背后都压抑着各种各样的欲望和冲动。他认为，这些被压抑着的欲望和冲动，就是潜意识。

潜意识概念提出之后，被学界和普罗大众所接受，成为流行至今的术语。弗洛伊德及荣格的精神分析学说，让人着迷。当年我坐在校图书馆研读这些著作，每到会意处，往往抓耳挠腮、拍腿抚案，惊扰一众同窗。

最后，显意识还可以进一步划分。比如，一部分显意识为所有完整脑具有，即高级动物都具有。这一部分显意识内容，主要是前面曾述及的情感、记忆、点子、经验与技巧，以及发声词语等。所以我们看到，宠物狗有情感，猴子有点子，鸟会叽叽喳喳地"说话"。另一部分显意识仅为智人和现代人具有，比如文学、艺术、数学、宗教、科学、哲学、美学、方法论、逻辑学等。所以我们也看到，宠物狗是有情感，但它们没有情感审美，更没有美学。猴子是有点子，但它们没有工艺，更没有方法论。鸟是会叽叽喳喳地"说话"，但它们不可能发展出语言艺术。

046　意识之六：潜意识

在高级动物的心智和行为活动中，潜意识发挥着巨大的作用。我们把潜意识掰开来看一看。

先看看本能和潜意识，二者很容易混淆。

本能，广义上可以理解为物性，一切事物都有物性，因而一切事物都有本能。哲学上认为事物都有本，有本的事物都具备能，事物具备的能的变化就是事物的本能，事物具备的变化力就是事物的本能。前述的物质反映性能，就是宇宙物质的本能。

狭义上，如果本能是指一种行为的话，它是指人和动物不学而能的行为。如刚孵化的小海龟奋力地爬向海洋、新生婴儿急切地寻找乳头，这些行为就是平常所说的本能。

更狭窄地，如果本能仅指一种意识的话，它是指人和动物不学而有的意识。如求生意识和求生本能，是一回事。因此，当本能一词更狭义地仅指向意识的时候，本能就包含于潜意识，本能是潜意识的组成部分。

这样，我们掰清了第一块潜意识——本能。它来自遗传，是不学而有的，人和动物都具有这一块潜意识。如求生意识、繁殖意识、防御意识、从众意识等。

求生意识很容易理解，不说了。繁殖意识也就是生殖意识、性意识，人和动物都无师自通、不学而有。假设一个人显意识完全丧失，但身体其他部分正常，那么这个人仍然具有性意识。比如，临床可见，男失智病人仍有勃起。防御意识也好理解，人和动物时刻处于防御状态，只是我们没有意识到或者意识到了也视而不见罢了。比如睡觉时，动物都会把最柔弱的部位——通常是肚腹——保护起来，袒腹而眠，这是动物的大忌。从众意识来源于寻求群体保护的本能，动物都知道群体越大越安全，和同类保持一致是个好的安全策略。读者朋友可以做个实验，你站在马路边抬头望天，不要动，一直抬头望，留意从你身边经过的行人，看看他们会做什么？

第二块潜意识——后天习得的一部分意识。什么样的学习方式能将显意识转化为潜意识呢？答案是不断地重复。通过学习，人和动物可以产生显意识；通过不断地重复学习，一部分显意识还可以再转化为潜意识。重复，使得某些NES被完整脑不断复写、储存和调用，被不断强化，最终刻画到潜意识层面，这一过程俗称"洗脑"。因此，不断重复学习可以产生新的潜意识，也能改写旧的潜意识。

比方说，刚才提到的"袒腹而眠，是动物的大忌"，人类好像没有这个本能大忌啊。很多人四仰八叉地呼呼大睡，这又是怎么回事呢？原来，在30万年前，人类周围全是毒虫猛兽，和猿类一样，人类是不敢袒腹而眠的。那时候人类睡觉也胆战心惊，甚至都不敢熟睡，每一次合上眼皮就相当于闯一次鬼门关。后来，智人祖先钻进了山洞，还学会了控制火，火可以驱赶毒虫猛兽，只要在洞口燃起一堆火，智人就可以或躺或卧，睡个安稳觉了。不断重复地（学习）睡安稳觉，几万年过去了，不敢袒腹深度睡眠的潜意识变稀薄了，被慢慢地改写了。这一点还惠泽到了家养动物，如宠物猫狗也经常袒腹而眠，野生猫狗是很少见到这种销魂睡姿的。

观察人类婴儿潜意识的先天遗传和后天习得过程，可以发现，刚出生的婴儿就已经先天遗传了求生意识、繁殖意识等。首先被唤醒的是求生意识，婴儿吮乳就是求生意识的体现。几个月之后，性意识就被唤醒，所以老子说男婴"未知牝牡之合而朘作"，意思是男婴不知雌雄交合之事，但生殖器官却能勃起，用术语表述就是婴儿期没有性别意识但却有性意识。精神分析学则认为，此阶段婴儿热衷于抓啃圆棒状的手指、脚趾等物，就是口腔期性意识的体现。伴随着婴儿的成长，其学习能力越来越强。婴儿学习有个显著的特点，那就是热衷于重复，而且乐此不疲，有时候就连亲生父母也有点受不了。为什么会这样？因为婴儿在重复中后天习得了显意识，同时在不断地重复中扩充了潜意识。此阶段是显意识和潜意识形成的重要阶段，如果被强行打断会影响终身。婴幼儿在此阶段的经历，弗洛伊德称之为"早期经历"。

潜意识有如下特点：

一是，能量巨大，对人和动物影响深远。

二是，影响持久，甚至影响终身。

三是，缺少审美判断，不分真假、善恶、美丑，只遵照指令行事。显意识行动之前会花40毫秒左右整合加工、掂量掂量；潜意识行动前，不会有任何掂量。如果说显意识像个成熟男人的话，那潜意识就像个愣头青。

四是，不断重复或者强烈刺激，可以形成或改写潜意识。例如，踩油门还是踩刹车，新手司机可能还会过脑想一想，老司机是不用过脑去想的。这已经是老司机的潜意识了，是其此前不断重复学习、训练形成的。危急时刻，老司机一番正确操作，避免了车毁人亡的惨剧，接下来的这一刹那，惊魂未定的老司机往往不会开车了，这是强烈刺激瞬间改写了老司机的潜意识。喝口水、放松放松、休息调整一下，老司机可能又会开车了。有人可能会反对，说这是"惊吓的"。惊吓，不就是强烈刺激吗？所以说，强烈刺激也可以形成或改写潜意识。

五是，潜意识只接受核心词语等极简洁的信息，附加在核心词语上的"不否反""我你他""的地得"都会被潜意识屏蔽。比如，此刻请合上书，男生对自己说"我坚决不要想她（女明星名）"，女生对自己说"我一定不要想他（男明星名）"试试，看看你想到了谁？

当今社会上，很多要价昂贵的潜能开发课程，就是利用上述几点，试图改写学员的潜意识。比如，培训师通过营造特定场景和氛围，激发学员忘情地大哭或大笑，就是在人为制造强烈刺激。再比如，训练学员大声且不断地重复对自己说"棒""最棒""我是最棒的"，就是利用了第四点不断重复和第五点词语简洁。

047　意识之七：梦（1）

现在是时候讨论有趣的心智活动现象——梦。梦是什么？至今也没人搞清楚。我们认为梦是处于不清醒状态的完整脑特别是人脑，对现存意识进行再整合加工的产物。

先探讨第一个问题，为什么会有梦？这得去意识里寻找答案。

意识活动有个特点，那就是意识活动产生的NES，都会送给脊髓或完整脑复写、储存，以备日后调用。完整脑越发达，对NES的复写、储存、调用能力就越强。完整脑日夜不停地整合加工着NES。由此可知：1. 意识这种NES物质，当然也遵从物质运动规律。2. 完整脑日夜不停地处理着NES物质，能耗很高。为什么会有梦，答案就在这两点里。

第一点，意识是物质的，意识是运动的，意识是永恒运动的。高级动物包括人在清醒状态时，显意识运动活跃，潜意识运动不活跃；不清醒状态时，刚好相反，潜意识运动活跃，显意识运动不活跃。高级动物包括人的不清醒状态，自然状态下主要就是指睡眠状态。其他不清醒状态，比如醉酒、昏迷或致幻等，都是非自然状态。本书从简，只讨论自然睡眠状态下的梦。

我们来看睡眠状态，心理学将睡眠分为深眠和浅眠。高级动物先天都有浅眠。因为自然环境下每时每刻都危机四伏，所以绝大多数高级动物都没有深眠，只有极少数高级动物有深眠。观察发现，当人和其他动物处于浅眠时，对着他/它喊一声，他/它很可能会有反应，原因是此时完整脑的神经回路很容易激活。当人处于深眠时，对着他喊一声，他可能完全没反应，原因是此时人脑神经回路没那么容易激活。这和电脑十分类似，当电脑浅眠时，动一下鼠标，它就会立即"醒过来"；当电脑深眠时，还得敲一通键盘，它才会慢慢"醒过来"。

必须指出，即使是深眠状态下，人脑的神经回路也不会完全"断电"。完全"断电"的情况也有，例如深度麻醉，植物人等，那都是极端情况。即使是神经回路完全"断电"的情况下，只要人脑还有"电"，只要人脑还正常，人的心智活动就不会停止。例如，霍金患上了一种严重的神经怪病，脖颈以下的神经系统完全病变，但他的心智一直健全，甚至去世前不久他还在从事研究工作。

这就涉及第二点，完整脑高能耗的日夜不停的工作机制。完整脑日夜不停地工作，这其实很好理解，这就好像细胞不可能完全停止新陈代谢、动物不可能完全不呼吸一样。哪一天完整脑不工作了，即意味着完整脑的死亡，这就是脑死亡。完整脑和意识都是物质的，都是永远运动的，我们的直观感受就是人脑意识根本停不下来，不信你命令自己停止一下试试。完整脑的这种工作机制，缺点就是能耗高。完整脑越发达，意味着工作内容越多，工作量越大，因而能耗也越高。

到这里，就不得不插叙一个休息和睡眠的话题。

048　休息≠睡眠

因为质能消耗，所有细胞都会疲劳，细胞必须解决疲劳的问题。由细胞构成的器官和组织都会疲劳，器官和组织必须解决疲劳的问题。由细胞构成的生命都会疲劳，生命必须解决疲劳的问题。怎么解决疲劳的问题呢？自然界给出的答案是休息，或者睡眠。所以我们看到，细胞会休息，器官和组织会休息，生命会休息，有些动物生命还会睡眠。

从上文隐约也能感觉到，我们把休息和睡眠严格区分开了，我们认为休息跟睡眠是有本质差别的。

什么是休息？休息是生命对抗疲劳、否定疲劳，获得再平衡的物理活动现象。具体来说，休息是指生物的细胞、器官或组织、生命体，在一定时间内停止活动，获得再平衡的物理过程。所有生命都需要休息。

什么是睡眠？睡眠是动物对抗神经疲劳、否定神经疲劳，获得神经再平衡的神经活动现象。不是所有的生命都有睡眠，而是具有神经的动物才有睡眠；或者说，睡眠是动物应对能量困境【036】的解决之道。斯坦福大学研究团队的一篇论文指出，斑马鱼睡眠时的神经活动特征与人类相似，这意味着睡眠活动至少在4.5亿年前就已经演化出来。神经再平衡，包括感觉再平衡和心智再平衡两个层面。低级动物只有感觉再平衡层面的睡眠，高级动物还需要心智再平衡层面的睡眠。

现在可以看出，休息和睡眠的差别，还不小呢。

第一，休息和睡眠的范围不同。所有生命都需要休息，但只有动物才需要睡眠。也就是说，古菌、细菌、真菌、植物等，都只有休息没有睡眠；而动物既有休息也有睡眠。这与常识相符。

第二，休息和睡眠的本质不同。休息是物理活动现象，而睡眠是神经活动现象。

休息指向普通细胞和组织，休息是物理层面的放松，主要是肌体的放松，放松就是休息。比如伸懒腰、打哈欠就是放松，也就是休息。我们的老祖宗，在创造"休"和"息"两个字的时候，就传神地表达了肌体放松的意思。休，人倚木，人倚靠在树上肌体就得到了放松；息，上自下心，自就是鼻子，指代呼吸，合起来表示呼吸之声舒缓，即身心肌体放松。所以休息就是放松，放松就是休息。还有，不能把放松理解得太狭隘了，不运动是放松，恰当运动也是放松；沙发里"葛优躺"是放松，健身房适度"撸铁"也是放松。有人锻炼后觉得更疲劳了，那是锻炼的方式方法不当；方式方法得当，适度锻炼后应该容光焕发才对。

与休息不同，睡眠特别指向神经细胞和神经组织，睡眠是神经层面的再平衡，主要是神经细胞、神经系统的再平衡。睡眠的生理机制，比休息要复杂得多。换言之，休息很容易，随时随地都可以休息，靠一下歪一下就能休息。而睡眠则没那么容易，睡眠一定要有感觉和意识层面的深度参与，比如感官的关闭、显意识的"断电"、潜意识的激活等，就算有个枕头甚至加一张床，你也不一定就能立即睡眠。

所以我们看到，休息很少出问题，因此致病也较罕见；睡眠常常出问题，睡眠问题致疾常见。再显摆一下老祖宗造字的智慧。睡，从目垂，目睑垂下，"坐寐也"[1]。远古时候没有凳子，坐其实是坐在床上，所以睡的本义是坐在床上打盹，同时伴有感官的参与，比如眼睑垂下，眼睛眯起来。可见睡，就是现在心理学所说的浅眠。眠，是俗体字，古体作瞑，从目冥，冥就是昏暗，合起来表示眼前一片黑暗，即眼睛完全合上了。冥还有阴间的意思，引申为失去意识仿佛死去，俗称"睡死过去了"。可见眠（瞑），就是现在心理学所说的深眠。老祖宗造字水平是很厉害的。

休息和睡眠虽然不同，但休息和睡眠都肯定着生命，对生命非常重要。因为细胞、神经、完整脑、生命体本身等，在工作状态中积累了太多的不平衡，如电压不平衡、物质密度不平衡等，需要通过休息或者睡眠使其恢复平衡，也就是再平衡。

在动物界，很容易观察到休息和睡眠现象。比如，蚂蚁是低级动物，它的神

---

[1] 出自东汉许慎《说文解字》。

经没那么复杂，因而蚂蚁休息多睡眠少。蚂蚁休息很快，睡眠也只是打个几秒钟的盹就够了。有时看到蚂蚁用两只触角相互摩擦，和人类疲倦时用手揉搓眼睛一样，就这么摩擦几下，蚂蚁就完成了一次休息。鱼是高级动物，有完整脑，所以鱼需要休息也需要睡眠。不过，由于鱼脑不算很发达，所以鱼每天浅眠30分钟就够了。狗脑发达，因而睡眠时间比鱼长很多，狗每天需要浅眠2—3个小时。人脑最为发达，人的睡眠时间最长，人每天需要深眠6个小时以上。

生命体就是一个质能系统，生命受到物质和能量规律的制约。动物必须将自身的能耗，包括心智活动的能耗，都安排在合理的节奏、时令、寿命里。这里顺带批驳如下观点：睡眠是动物对地球稳定的昼夜、时令环境的适应；或者说是地球昼夜更替、四季循环的稳定，带来了动物的睡眠。这个观点是不对的。恰恰相反，是因为动物必须休息或睡眠，然后动物才根据昼夜、时令、寿命等，来合理安排休息和睡眠的。比如，蜉蝣成虫寿命不足一天，但它仍然需要睡眠。猫头鹰昼伏夜出，百灵鸟却清晨即起。洞穴生物不知昼夜和四季，但它们仍然有睡眠。棕熊冬眠五个月，肺鱼却夏眠半年。

总之，休息和睡眠是两回事。休息有助于睡眠，但休息不一定是睡眠。睡眠一般包含着休息，但睡眠也不一定就等于休息好了。比如，有人睡几分钟就精神大振，有人越休息越睡不着，还有人睡了大半天反而更疲劳了。

最后，这一句话毋庸置疑：休息与梦无关，只有睡眠才可能有梦。

049　意识之七：梦（2）

插叙完休息和睡眠，让我们接着解梦。

刚才说过，具备神经的动物才有睡眠。梦是一种意识活动，具备了意识也就是具备了完整脑的高级动物，才可能有梦。因此可以说，只有脊椎动物睡眠时，才可能有梦。所以庄周梦蝶是可信的，蝶梦庄周就是杜撰。

到底为什么会有梦？原来，意识运动的能量解决方案，决定了梦的产生。

首先，意识运动的能耗极高，或者说完整脑是能耗最高的器官。研究发现，脊椎动物尤其是哺乳动物，会将大部分能量分配给完整脑，用脑越多的动物越明显。拿肌肉和脑相比，每单位肌肉消耗的能量，只有每单位脑的10%。平均来看，完整脑的重量只占动物体重的2%—3%，但它消耗的能量却占到20%强，耗氧量更高达25%。高级动物的眼耳鼻舌等核心感官，都紧凑地布局在完整脑周围，为什么从没见过眼睛长在屁股上的高级动物呢？那是因为紧凑的布局，使得核心感官与完整脑之间的神经回路更简短，能降低一点点能耗啊。换言之，眼睛长在屁股上也不是不可以，只是高级动物负担不起这个能耗。此外，如前所述，神经细胞极为耗能【036】，而完整脑几乎全由神经细胞组成，因此能耗非常高。人脑最复杂、功能区分最细，人脑的神经细胞有近千亿个，突触更多达数百万亿个，因此人脑是单位能耗最高的完整脑。我们常说"烧脑""伤脑筋""绞尽脑汁"等，这里的"烧""伤""绞"三字，都含有高能耗的意思，还蛮贴切的。

又由于意识是永远运动的，意识运动根本停不下来。能耗极高的意识活动无法停止，这就给拥有意识的高级动物出了一道难题：要么找到能量解决方案，要么放弃意识。真有放弃意识的，比如前面提到的海鞘。但绝大多数脊椎动物都不甘放弃，因为意识带来的动力学性能优势，实在是太诱人了或者太诱动物了。那么，不愿意放弃意识的高级动物，怎么解决这个能量"囚徒困境"呢？动物界给出的解决方案就是：睡眠和梦——在睡眠的时候做梦。

相比于清醒状态，不清醒的睡眠状态，在三个方面节省了能量。一是，睡眠本身就是休息放松，这能减少能量消耗。二是，睡眠会将高能耗的感官活动关闭，只保留感官的最低联络活性，这会节省能量。观察一下自己的睡眠，首先是不是眼耳鼻舌身的关闭，好像失去知觉一样；睡着后，除非受到了力度合适的刺激，才会唤醒全部感官。三是，完整脑从显意识活跃、潜意识不活跃的清醒状态，切换到潜意识活跃、显意识不活跃的睡眠状态。这时，梦就出现了！

睡眠节省能量，这一点都无异议。那么睡眠时做梦，为什么还能相对进一步节省能量呢？

原来，意识活动存在两种模式，一种是现实模式，一种是虚拟模式。

现实模式就是清醒状态下的意识工作模式，此时以显意识活动为主，感官全开，脑细胞都在工作。因为此时高级动物生活在现实世界之中，时刻接受着外界的刺激并要及时做出反应，所以高级动物的意识活动速度必须与现实的速度保持一致，否则就会"慢半拍"或者"快半拍"。不管是慢了还是快了，都可能导致运动上的问题，轻则受伤重则致命。比如，现实生活中横穿马路，我们必须与现实的速度保持一致，准确判断自己的速度和车辆的速度，"慢半拍"或"快半拍"都非常危险。

虚拟模式就是梦的意识工作模式，此时以潜意识活动为主，感官基本全关，只有部分脑细胞保持工作状态。此时，对其他高级动物而言，它是被迫选择与现实世界断开联系进入虚拟模式，不得不去睡眠了，因为它的神经疲劳了。它会选择一个相对安全点的环境和时段，冒着生命危险浅眠一下。对人而言，人是主动选择进入虚拟模式的，因为此时人的神经也疲劳了，人想睡眠了。实际上，也不能完全说人是主动选择睡眠的，因为不睡眠人也活不长，很多人就不想睡觉，他们确实是被迫睡眠的。与其他高级动物相比，人现在倒是不用冒着生命危险睡眠。

可以看出，在虚拟模式下，高级动物的意识活动速度，没有必要与现实的速度保持一致。那么猜猜看，高级动物和人会选择"慢半拍"还是"快半拍"呢？

谜底是"快半拍"。也就是说高级动物和人在梦的意识工作模式下，速度会比现实世界"快半拍"。借用电脑等电器术语，我们称现实模式为播放模式，称虚拟模式或梦的模式为快进模式。梦里，意识活动会快进吗？试看三例。第一例，所有你记得的梦，是不是运转飞快，比显意识快多了。第二例，对照钟表，你可能只睡了短短几分钟，但你却可能有一个长长的梦，梦里你做了很多很多的事，这些事如果是在现实世界里可能需要几天时间才能完成。第三例，青壮年男性经常会发春梦，请想一想在春梦里，你大约多长时间梦遗？不要害羞，更不必自卑，男人的梦遗都是快进的，所以有"梦遗秒射"的说法。

梦节省能量的奥秘，就在"快半拍"——快进模式里。

与播放模式纤毫毕现地处理显意识的每一个细节不同，快进模式对潜意识的细节采取了碎片化的、模糊粗略的处理方式。还是拿电脑来举例，比如电脑处理不同像素的图片，其能耗是不同的。当处理低像素的图片时，能耗较低，运转欢畅；当处理高像素的专业图片时，能耗较高，运转缓慢甚至会发烫。完整脑也是这样的，当模糊粗略地处理意识细节时，能耗较低，运转迅速，我们的直观感受就是快进；当纤毫毕现地处理意识细节时，能耗较高，只能维持常速运转，我们的直观感受就是播放。举两个梦的案例，就会更明了。

　　案例一，你的梦有色彩吗？答案是所有人的梦都没有色彩，或者说梦都是黑白的，准确地说梦都是灰白色的。不用说，高级动物的梦，也一定是灰白的。为什么呢？因为色彩的信息量很大、像素很高，如果采用纤毫毕现的方式处理色彩信息，能耗太高。对睡眠中的高级动物和人来说，没必要浪费这个能量。因而梦，采取了模糊粗略的处理方式：大幅降低色彩信息的像素，这就是模糊；结果就是梦只有灰和白两个基本色，这就是粗略。

　　案例二，除了模糊处理色彩细节，梦对其他信息细节也一样会模糊处理。比如，假设某个青壮年男性读者梦到了某位女明星，请问，他梦中的明星脸上有没有雀斑？绝大多数男女的春梦，都会模糊处理梦中情人脸上的痣、雀斑、粉刺、鱼尾纹等细节，除了极少数潜意识里就有某种独特癖好的。

　　喜欢细究的读者可能会追问，解决能量难题，难道只有节省能量"华山一条道"？为什么不能走获得更多能量的解决之道呢？

　　这就涉及阈值问题。物质运动，总是受到各种维度的阈值的限制，突破阈值意味着运动状态的否定。动物选择了神经进化之路，好处是极性躯体结构和动力学性能得到大幅提升；坏处就是在展现动力学性能时，极性躯体结构的能耗更高，疲劳显著。

　　比如，狗为了提升嗅和听的动力学性能，放弃了一些视的动力学性能。狗眼里只有灰白两色，它们是色盲，对彩色视而不见，所以狗眼不仅看人"低"还看人"糊"。豹子猛扑猎物，动力学性能威猛无比，但其"头—颈—躯干—四肢—尾巴"的高度极性化的躯体结构，猛扑时能耗极高，因此豹子猛扑不了几下就必须休息或睡眠。

　　人也一样。人脑极其灵光，意识活跃，很会算计，但人脑意识活动的能耗极高，因此我们算计不了多久就必须休息或睡眠。人一生中，休息和睡眠的时间加在一起，占一半以上！这么说，那些996或007的白领可能不服气，他们会说"我从事的是脑力劳动，从早到晚连轴转啊"。这些白领确实辛苦，工作时间内应该也没有偷懒睡眠，但不能说没有休息啊。喝水、上厕所、眺望窗外、做做工间操、和同事聊两句……这些可都是放松，也就是休息啊。职场还不算啥，即使是你死我活的战场上，士兵也不可能长时间完全不休息不睡眠。

　　所以，不是动物不想获得更多的能量，而是受到了阈值的限制。人类因为会制造和使用工具，还学会了剥削其他动物的能量，今后人类会不会获得无限能量，从而进化出不用睡眠的人脑和不用休息的人体，谁也说不准。科幻作品经常拿无限能量作为创作题材，可见对无限能量感兴趣的，不在少数。

总之，**休息是细胞的物理活动现象，所有生命都会休息；睡眠是动物的神经活动现象，只有动物会睡眠；梦是完整脑的意识活动现象，只有高级动物，才可能会做梦。**

解释完了梦的产生，接下来再看看梦这种意识运动有哪些特点。

一是，梦的运动主体是潜意识。前面多次提到，完整脑清醒时以显意识为运动主体，梦中则以潜意识为运动主体。意识是一种NES物质，需要经常清洗磁化才能保持物质活性。梦的最大功能，就是反复清洗磁化储存在脑和脊髓里的意识。

还是拿电脑来打比方。即使是休眠状态，电脑磁头仍有可能还在清洗磁化磁盘数据。这就像梦中的完整脑，清洗磁化意识一样。梦调用的意识内容绝大部分来自潜意识，潜意识有碎片化的特征，所以梦的内容都有些破碎、荒诞、离奇。梦偶尔也会调用显意识的内容，不过比较少见；梦调用显意识时，因为快进处理模式，还会导致显意识内容失真（就像快进播放音视频，其内容也会失真一样）。例如，拿羽毛轻抚正在做梦的人，然后摇醒他，他可能会说刚才梦到了毛刷。

弗洛伊德深入研究了梦调用潜意识的特性，写出了鸿篇巨著《梦的解析》。弗洛伊德认为，梦是"欲望的满足"，遵从"原本思考法则"，不依从逻辑和推理。他还认为，梦介于潜意识和显意识之间，"梦是显意识观察潜意识的窗口"。

二是，梦很难被显意识觉察。由于进入梦境就意味着感官的关闭，因此感官很难捕捉到梦的内容；要形成记忆就更难了，因为记忆还需要额外的物理或化学的努力。另外，梦主要加工潜意识，此时显意识相当于对梦关上了大门，缺少显意识的参与，梦就更难被捕捉到了。

所以经常能观察到，某人睡眠中明显有很多梦，比如说梦话、咬牙切齿、欲仙欲死等，醒来时问他做了什么梦，他却一概不知。心理学家也做了这方面的实验。睡眠仪检查结果表明，正常人在睡眠时，会有一套规律的眼球转动动作，这套动作在一个睡眠过程会重复出现4—6次。因此心理学家认为，人一次睡眠会做4—6个梦。但有些心理学家认为，梦远远不止4—6个，而是十几个甚至数十个。

不管一次睡眠有多少个梦，有可能被记住的只有一个，那就是清醒前一刻的最后的那个梦。所以说，我们的梦数量很多、内容很丰富，但只有极个别梦的少量片段有可能被记住。有人可能会提出异议，说我一晚做很多个梦，我也记得很多个梦啊？不好意思，那是因为你一晚清醒了很多回，经历了多次睡眠。此种情况还表明，你的睡眠质量堪忧啊。

关于梦，可说道的实在是太多了，最后说一个梦与睡眠质量的问题。睡眠一般包含着休息，但如果睡眠质量不好，也会导致休息不好。这是为什么呢？第一个层面，如果没睡着，那是失眠，是神经问题，所以失眠又称为神经衰弱。本节不讨论失眠。第二个层面，睡是睡着了，但也休息不好，这才是睡眠质量问题。睡眠质量不好就不单单是神经问题了，睡眠质量问题很可能是精神问题。睡眠质量与梦有很大的关系。

首先，高质量的睡眠一定有梦。梦是完整脑的一种相对低能耗的工作模式，因此，梦本身就相当于意识运动的休息。同时，梦还沟通着显意识和潜意识。所以，梦对意识的平衡和再平衡发挥着重要作用。研究证明，梦发挥着调节脑内机体的作用，是人脑健康发育和维持正常思维的需要。高质量的睡眠一定有梦，醒来后不记得有梦或者只记得最后一个美梦，都是睡眠质量高的标志。

其次，无梦睡眠质量一定不高。睡眠中不能形成梦的原因较为复杂，但人们普遍认为，无梦睡眠的质量一定不高。一方面，没有梦就说明潜意识没有得到清洗磁化，长期下去会导致潜意识钝化。另一方面，没有梦这个会话平台，会使得显意识和潜意识无法交流。这两方面都有可能导致精神问题。医学界还认为，无梦睡眠不仅质量不高，而且还是人脑受损和有病的征兆。谍战片中，折磨逼供间谍的手段之一就是先让间谍睡着，不等他做梦就立即强制唤醒，如此反复，几轮下来间谍就招供了。无梦睡眠的痛苦，可见一斑。

最后，噩梦必然导致睡眠不好。这一点不用说了，绝大多数成年人都有梦魇经历。偶尔有噩梦不要紧，噩梦连连则多半是疾病的前兆。无梦、噩梦一般都伴随着高能耗，这与"梦是一种相对低能耗的工作模式"相违背，目前还无法对此给出合理解释，只能笼统归入睡眠障碍或疾病状态。

顺便说一下梦游。梦游，是睡眠中自行下床行动，而后再回床继续睡眠的怪异现象。梦游症俗称迷糊症、夜游症，医学上称之为睡行症。症状有：睡眠中在居所内走动，突然爬起来胡说几句，或者有条不紊地穿衣，甚至会做更复杂的事如做饭、出门遛弯、躲避障碍物等，但也可能会做出危险举动。患者醒来后对此无印象。目前认为，梦游属于睡眠障碍，很可能是一种过度深眠状态。也就是说，梦游其实并不是发生在梦中，而是发生在一种半醒状态下（患者的部分感官处于工作状态）；梦游不是在做梦。

综上，我们认为梦是处于不清醒状态的完整脑特别是人脑，对现存意识进行再整合加工的产物。这个观点包含三点：一、不清醒状态，包含了睡眠状态，我们主要围绕睡眠这种自然状态阐述梦，不讨论非自然状态。二、完整脑包括人脑都会有梦，高级动物用脑少睡眠也少因而梦也少，人用脑多睡眠也多因而梦也多。人睡眠最多吗？大家不要拿考拉嗜睡和其他动物的冬眠来责问我。考拉睡眠多是因为它的食物有毒，再说考拉也不一定是在睡眠，它可能轻微中毒了或者只是在休息而已。冬眠是一种新陈代谢模式，冬眠也不一定全是睡眠；再说了，冬眠的动物夏天可能从早到晚几乎不睡的。人一生中，睡眠时间占比是多少呢？1/3，按平均寿命来算就是25年，你说多不多？三、对已有意识的再整合加工。这一点才是梦的本质，梦是完整脑的一种"低能耗、快进、虚拟工作方式"。完整脑对现存意识的再整合加工，包括了扫描、清洗、磁化、会话等方式，梦只是这一过程的产物而已。

总的来说，意识是梦的物质基础，梦是意识运动的一种方式。具有完整脑的高级动物，才可能有梦。完整脑越不发达，梦就越少、越短暂；完整脑越发达，梦就越多、越持久。腔肠动物、软体动物、节肢动物、棘皮动物等低级动物有睡眠没有梦，因为它们有神经没完整脑；鱼类有睡眠有短暂的梦，因为鱼脑还不够发达；人有睡眠有持久的梦，因为人脑最为发达。

梦是完整脑再整合加工出的NES物质，梦是物质的，所有的梦都有其物质成因。从这个角度来讲，梦不是无缘无故的，所有的梦都可解，没有不可理解的梦。

本章小结:

初阶心智——意识，是高级动物完整脑的高阶感觉。意识来源于感觉。

意识诞生于完整脑，意识是一种NES物质。

神经进化之路的第一个里程碑是神经细胞的进化产生，它带来动物反映提升到感觉的质的飞跃。

神经进化之路的第二个里程碑是完整脑的进化产生，它带来高级动物感觉提升到意识的质的飞跃。

第五章　心智的升华——智人的智能

经过抽丝剥茧，到目前为止，和其他高级动物一样，人类已经具有意识了，因为人类具有完整脑。那么，我们的心智是什么时候从意识升华到智能的呢？或者说，智能到底从何而来？都是"一般骨肉一般皮"[①]的高级动物，为什么独独我们就具有了智能？

探寻智能的源流，需要回顾一下生命演化的历程。

050　生命演化历程

一、38亿年前至1000万年前的重大演化事件。时间单位是亿年。

1. 38亿年前，地球物质运动催生了自然界，自然界"熬"出了"原始汤"。

2. 36亿年前，生命开始进化，原核生物出现。标志着生命的反映诞生。

3. 16亿年前，细胞核进化产生，真核生物出现。

4. 8亿年前，原生动物分化出多细胞动物。

5. 至少是5亿年前，动物演化出神经物质和神经细胞，走上了神经进化之路。神经进化之路的第一个里程碑——标志着动物的感觉诞生。

6. 4.5亿年前，脊索动物进化出中枢神经系统，并发育出脑泡。

7. 4亿年前，脊椎动物进化出完整脑。神经进化之路的第二个里程碑——标志着高级动物的意识诞生。

二、1000万年前至20万年前的重大演化事件。时间单位是十万年。

8. 450万年前，人类与古猿分化。

9. 250万年前，人属在非洲演化。

---

① 出自唐朝白居易《鸟》。

10. 200万年前，人属从非洲出征，演化出不同人种。

11. 50万年前，尼安德特人在欧洲和中东演化。

12. 30万年前，人类开始用火。

三、20万年前至今天的重大演化事件。时间单位是千年。

13. 20万年前，智人在非洲东部演化。

14. 7万年前，智人脑进化完成。神经进化之路的第三个里程碑——标志着智人的智能诞生。出现语言，智人心智"爆炸"，智人出征。

15. 5万年前，智人抵达澳大利亚。

16. 3万年前，尼安德特人灭绝。

17. 1.6万年前，智人抵达美洲。

18. 1.5万年前，智人驯化动植物，开始农业生产和放牧。

19. 1.2万年前，智人最后一个近亲，"小矮人"弗洛勒斯人灭绝。

20. 5000年前，出现文字，现代人心智"核爆炸"，宗教、家庭、金钱、王国纷纷出现。

051　哺乳动物和猿的出现

大约1.5亿年前，哺乳动物出现，它是从一支基底爬行动物演化来的。

将近7000万年前，哺乳动物分化成两个主要类群，一类是有胎盘类，另一类是有袋类。恐龙时代晚期，有胎盘类哺乳动物中进化出了最早的灵长类，它们很像老鼠。

3300万—2400万年前，进化出了猿。东非的原康修尔古猿，是人类和非洲猿的祖先。腊玛古猿和南方古猿，是古猿演化过渡时期的代表。现存的猿则只有两个类群，非洲猿和亚洲猿。

非洲猿，也有说是南方古猿的一支，在200万—175万年前进化为能人或早期直立人。美国国家自然历史博物馆的打卡景点"少女露西"，就是南方古猿和能人之间的过渡性物种。露西还不是人，它只是离开树栖环境的、能直立行走的、朝人进化着的猿。

052 从猿到人

人类演化史可分为古猿（420万—100万年前）、能人（200万—150万年前）、直立人（200万—20万年前）和智人（20万—1万年前）四个阶段[①]。学术界对"能人—直立人—智人"的演化发展路线还有争议，但都认同能人和直立人都不是我们的直系祖先。如图8。

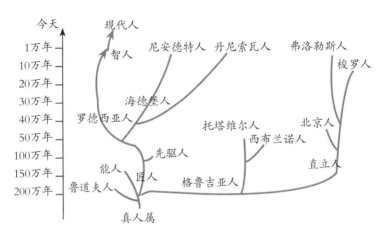

图8　人科人属人种演化示意图，有些尚属推断，并没有完全证实

能人，人属中的一个种，是介于古猿和直立人的中间类型。能人化石最早发现于东非坦桑尼亚。能人比其他动物灵巧能干，已能制造和使用粗糙的石质工具。能人头骨壁薄，脑容量600多毫升，下肢直立行走，手指能对握，身高不足1.3米。能人的进化产生，是人类家族的一次飞跃。

直立人，一般认为起源于非洲。亚非欧都有化石。中国境内主要有元谋人、蓝田人、北京人、郧县人等。他们已能制造和使用石器，脑容量约1000毫升，后期可能有1200毫升。直立人在人类演化史的时间轴上，占据了大约99%。这一时期，与历史学家习惯使用的旧石器时代，大致重叠。

---

① 本书使用人类一词，一般是指所有人属人种，有时特指现代人。本书使用人、人类、智人、现代人、我们等词语，需要根据上下文语境来理解其具体含义。

　　重点看古猿、能人、直立人完整脑的脑容量和机能结构（如图9）。露西的脑容量只比猩猩大一点点，大约有橘子大小；能人的脑容量是露西的2倍，和一个葡萄柚差不多；直立人的脑容量是能人的1.5倍，大小和我们差不多了，约有甜瓜大小。露西完整脑的感觉机能比猩猩更发达，而大脑没有明显变化；能人完整脑的大脑已经发生明显变化，左脑机能更发达；直立人完整脑的大脑体积变大，额叶、颞叶和顶叶扩张，这些部位正是负责抽象意识和语言的。

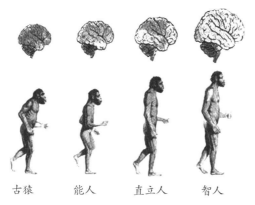

古猿　　　　能人　　　　直立人　　　　智人

图9　古猿、能人、直立人和智人外形及脑容量对比图

　　经过考古学家、人类学家、生物学家的共同努力，从猿到人的脉络大致梳理出来了：自然界物质于600万年前已催发出类人的猿猴；自然界物质又继续用时近400万年从猿猴催发出人类；人类的智人种，利用自然界物质，发挥自身的智能，仅用时1万年就建立了现代文明，直至今日。

053　"造人之地"——非洲东部

　　不管是能人、直立人，还是智人，他们最初的诞生地都在非洲东部（包括东非全部，以及与之相邻的中非、南非和东北非局部）。这里为何如此神奇，成为"造人之地"呢？原来，这与当地独特的物质环境有关。

　　猿，尤其是树栖猿，其生存离不开高大、茂密、连片的热带丛林及丛林的树冠。地球气候和地球生物研究表明，热带丛林曾经呈环带状，遍布地球赤道南北。但只有非洲和东南亚的热带丛林里分布有猿。那时，猿的大部分种群生活在非洲连片的热带丛林里，少部分种群生活在东南亚支离破碎的热带和亚热带丛林中。相比而言，非洲猿更具发生演化的数量优势。

大约600万年前，大、小冰期交替袭来，非洲的气候开始恶化。随着气候越来越干旱，热带丛林分布的面积和形状发生了变化。面积大幅度缩小，从东、北、南三个方向，向非洲西岸也就是现在的刚果丛林退缩，其中非洲东岸退缩最为显著。曾经被茂密丛林覆盖着的东非大裂谷的主体，以及埃塞俄比亚高原、东非高原和乞力马扎罗山的局部，现在出露在丛林的东部边缘。不仅面积大幅缩水，而且分布形状也发生了显著变化：从曾经的连片带状分布，变化为在东非大裂谷一带出现了明显的小片断续、零星分布。受此影响，树栖猿栖息地也逐渐缩小。在非洲东部，原本连片分布的树栖猿栖息地，逐渐变得支离破碎，这一情况在东非大裂谷尤为明显。为什么东非大裂谷一带出现了大量支离破碎的树栖猿栖息地呢？

大裂谷是世界大陆上最大的断裂带，号称地球"最大的伤疤"。它非常大，南北长约5800公里，东西最宽200公里，最深2000米。其主体部分东非大裂谷，最近1000万年来板块活跃、持续发育。由于位于广阔的高原之上，东非大裂谷的发育面积和发育高差都很充裕。东非大裂谷断续分布，并不连贯，有很多分支，就像裂纹一样四处延伸。裂谷里沟壑纵横，水系发达，集中分布着30多个大型湖泊。

一切物质环境就像准备好了似的，东非大裂谷的主体，刚好穿过正不断退缩的热带丛林的东部边缘。裂谷的裂纹，以及突起在裂谷南北的高原山地，它们共同作用，将东非成片的植物分布带切割得支离破碎。在东非大裂谷的西边，热带丛林还比较完整，就像现在的刚果雨林一样。在东非大裂谷的东部，气候更为干旱，分布着成片的热带草原，就像现在的肯尼亚大草原、坦桑尼亚大草原一样。因为高差的原因，在东非大裂谷的裂纹里，则分布着各种小的植物带：裂谷底部水量充沛，发育为热带雨林、河谷森林或湖岸森林；裂谷边缘树木逐渐稀疏，发育为灌木林或稀树草原；裂谷之上，则是热带草原。

从东非大裂谷周边的物质环境变化，可以看出：第一步，非洲东部的猿被迫从东向西撤退，东部几乎全部让给热带草原动物，如狮子、斑马、水牛、羚羊等；第二步，在向西撤退的同时，少量的猿滞留在裂谷谷底的森林里，形成不连续的零星种群；第三步，绝大多数猿继续撤退并被压缩到西部热带雨林。总之，因为气候变迁、植被分布、地形地貌等因素的综合影响，非洲猿分化为西撤的猿和滞留谷底的猿两支，它们被热带草原阻隔，相对独立地演化着。

见证奇迹的时刻到了！"魔术"，就发生在此时的东非大裂谷的谷底及裂谷边缘。

因为东非大裂谷面积非常大，地形又复杂，所以裂谷谷底和裂谷边缘形成了很多小型局地气候。反映在植被的垂直分布上，就是裂谷谷底及裂谷边缘出现了很多类型的植物带。这些植物带有一个显著的分布特点，那就是它们之间的过渡非常狭促——往往只有几十米或几百米。这也好理解。比如1500米深的谷底是沿河流两岸或湖岸分布的热带雨林，树木高大成片；往裂谷边缘上升500米，河湖水源补给减少，发育为季雨林，树木略显稀疏；再往上500米，地下水、河湖水源也无法补给，大树越来越少；再往上500米直到裂谷边缘，几乎没有大树；1500米以上，就是东非稀树草原的一部分了。这种特殊的小型局地植被分布，从图10可见一斑。

图10 东非大裂谷局地植被分布

支离破碎的栖息地、狭促的过渡带，就是"魔术"的关键！

可想而知，滞留在谷底的猿，可以很容易地就从谷底森林里"荡"出来，探索一下裂谷之上的稀树草原。而它们的那些刚刚西撤的"堂兄妹"，因为栖息的森林与想要探索的草原之间，水平分布着一条宽大而连续的过渡植被带——灌木林，它们要想探索草原，须穿越几十千米的灌木荆棘，这样的行程不累死也会被猛兽猎杀。还有一点，那就是探索的持续性。就算西撒的猿偶尔有一两天越过灌木林"荡"到了草原上，很显然它也无法持续，因为往返的风险太高了；就算有一两只"私奔"的猿，"荡"行到草原上来，并决定不再回撒森林，但它们也无法形成种群。

东非大裂谷谷底的猿，"荡"出森林，探索稀树草原，与其说是自发的，不如说是被迫的。由于栖息地狭小破碎，气候反复无常，猿的种群竞争激烈。劣势猿，包括老猿、病猿、伤残猿等，被迫离开中心树冠，移居到地面和森林边缘，它们的生存方式也由树栖演变为林栖或地栖；又由于缺少模糊地带腾挪藏身，劣势猿还被进一步地淘汰出树林，被迫移居到草原，生存方式更沦落到草栖或洞栖了。可以想象，250万年前最初离开森林的猿，可能白天在草原觅食，晚上还得溜回裂谷边缘的树丛，以寻求林木的庇护；或者天气好的时候，在草原游荡觅食几天，天气恶劣时再溜回裂谷边缘的树丛。

总之，处于竞争劣势的各类弱猿，源源不断地补充过来，它们形成了新的种群。它们在裂谷边缘的稀树草原生境里游荡着、采集着、捕猎着……它们学会了住山洞，学会了直立行走，学会了扔石头，学会了挥舞木棒。百万年间，一代又一代过去了，这些竞争失败的弱猿，一步步成功进化为一个新的边缘物种，这就是人猿、能人或直立人。从此，"它们"变成了"他们"……约20万年前，"他们"更演化成我们。

为什么我们的体格不如猿？为什么我们比猿更容易生病？为什么我们的基因似乎有些缺陷？为什么我们喜欢亲近花草树木，却总有些惧怕丛林密林（灵长目中独此一份，其余500多种灵长目动物都不惧丛林密林）？

都是这个原因——丛林密林里有我们不愿忆及的可怕的被淘汰的远古经历，我们是丛林竞争的被淘汰者，是猿类中的失败者。所以说，热带丛林的失败者成了稀树草原的胜利者，不成功的猿成功演化为人。败猿成人，并非贬损你我，而是事实[1]。

确实也只有东非大裂谷这种栖息地支离破碎且过渡带狭促的物质生境，有助于痛别丛林密林的败猿和弱猿另谋生路，在稀树草原上挣扎求存；确实也只有东非大裂谷谷底的零星种群的猿，才有机会进化。西撒猿群中，也会有竞争失败的弱猿，它们为何不能演化为人？那是因为非洲中西部的雨林，仍然广阔连片，这些弱猿即使受到优势猿群的压迫，也能在模糊地带的树丛里，苟延残喘了此残生。另一方面，为什么亚洲猿不能演化为人呢？除了上述的亚洲猿种群数量少，没有发生演化的数量基础之外，还有两个原因：一是东南亚丛林里有老虎，地栖猿难以存活；二是东南亚没有稀树草原，树栖猿"荡"出森林就掉海里淹死了。再放眼全球，这样独特的物质环境，只有非洲东部具备，因而只有非洲东部成为"造人之地"，一代又一代人属人种从此出发。这就是**非洲东部造人说**。

054 猿人出征，非亚欧到处都有人

猿人也被称为直立人。

直立人的两个显著特点，是直立行走、制造和使用工具。直立行走，解放了双手，使得猿的极性躯体结构得到进一步伸展，动力学性能优势得到进一步发挥。虽然爬树能力下降了，但使用武器如石头、木棒的能力却诞生了，这一能力显然比爬树更有用。除了扔石头、挥木棒之外，直立人制造和使用工具的能力也提高了不少，他们还学会了打砸燧石制作石器。这些最早的石器称为曙石器，即人类曙期的石器。再后来，直立人苦练打砸技术，石器制作越来越精良，人类进入了旧石器时代。再说一遍，旧石器时代非常长，以万个世纪计，它占人类历史长河的99%。

可不要小瞧了旧石器，在自然界里，它的威力是很大的。旧石器带来了人口

---

[1] 严格来说，进化论的核心不是优胜劣汰，而是适者生存。所以有学者认为"进化"这个词没有准确表达出达尔文的思想，相比而言，"演化"这个中性词更准确。"进化"侧重强调向上、择优和趋强的发展方向；而"演化"包含了向上和向下、择优和择劣、趋强和趋弱等多个发展方向，更符合生物发展的实际。败猿和弱猿，适应了东非大裂谷周边的物质环境变化，反而成功演化为人，就是生物择劣和趋弱发展、适者生存的一个范例。

数量的第一次爆发式增长，这些增长的人口，很快就占据了非亚欧三洲的广大区域。由于能人的生境被直立人完全覆盖，很可能是直立人发挥优势，早早地就消灭了能人。北京猿人，就是进化后期的直立人的一支。

大约200万年前，直立人双足直立行走，携带木棒石器，操着极为简单的有声词语（请注意此时还没有真正的语言），从非洲东部出发，依次征服非亚欧三洲的历程，称为直立人或猿人出征。

055　智人的诞生

直立人虽然取得了巨大的进化成功，他们属于人属人种，但依然不能被称为智人。原因是直立人与其他高级动物相比，并没有多大的质的进化改变。

首先，来看脑容量。直立人的脑容量比能人更大，但占身体的比重几乎没有变化，因为直立人比能人高大很多。

其次，来看直立行走。能够直立行走的动物并不少，比如绝大多数鸟类都是直立行走的，倭黑猩猩的直立行走方式，更是几乎和直立人一模一样。

最后，就拿制造和使用工具来说。直立人虽然有了旧石器，并广泛使用木棒等工具，但确实也有很多动物会使用石头和木棍，如海獭、乌鸦，个别还会打砸石头以求得更好的形状，如黑帽卷尾猴。这表明，仅从直立行走、制造和使用工具两个"鸿沟"，来划分人类和其他动物、来定义人，是不全面的。

到底什么是人？什么是智人？智人与人属中其他种的根本区别是什么？让我们把目光再次转向非洲东部。

不愧为自然界唯一的"造人之地"，非洲东部在造出能人、直立人之后的200多万年里，并没有停止造人的步伐。这一次，非洲东部的物质环境厚积薄发，一举奉献出了它的杰作——智人。

人诞生于非洲东部，那儿是人的故乡，可以想象，有不少人生活在东非及其周边。其中，大概率是生活在非洲东部和南部热带草原的一支或几支人属人种，他们进化成了智人。为什么呢？让我们再次去东非热带大草原的物质环境里寻找答案。

生活在热带草原的直立人等非智人种，遇到的最大挑战是什么？那就是毒虫猛兽。虽然此时非智人种已经进化出了直立行走、制造和使用工具的能力，但依然不足以抵挡热带草原的毒虫猛兽。

首先，那时的猛兽还没有形成怕人的意识，猛兽怕人是百万年之后的事。其次，相比温带和寒温带草原猛兽，热带草原的毒虫猛兽对人的危害更大。那时热带草原上的肉食猛兽，是狮子、恐猫、豹子、鬣狗、野狗、鳄鱼、蟒蛇等，个个都想拿人当点心。草食巨兽大象、犀牛、河马、水牛、斑马、牛羚、长颈鹿等，体形庞大，虽然不吃人，但也不会善待人。非智人种，仅靠单薄的体格、直立行走、几块旧石器，显然难以存活。最后，东非大草原既然叫大草原，那当然树木稀少，灌木也不多，在这种视野环境下，直立行走反而暴露了人，应该说直立行走似乎变成了劣势。

这样说来，岂不是没有活路了？不，俗话说"只要思想不滑坡，办法总比困难多"。非智人种直立行走，闯荡东非大草原几百万年，积累了一个优势，使得他们找到了解决困难的办法，并最终成功进化为智人。

直立行走，使得视野更加开阔，眼睛接受到的光线刺激更多。与四肢着地相比，显然直立行走视野开阔好几倍；与树栖环境相比，草原环境下头顶方向没有了昏暗的树冠，平视方向没有了浓密枝叶的阻挡，眼睛能接受到更多的光线，平视能看得更远。这些环境变化，使得非智人种用眼更多，眼睛更为发达。体现在生理结构上，就是眉骨变大、眉脊发达、眼部突出。因为眼睛发达，非智人种捕捉了更多的视觉信息，例如色彩视觉信息和立体视觉信息等。这些感觉信息转化为指数级的意识量，意识量的大幅增长刺激非智人种的人脑加速进化。比如，有人类学家研究指出，晚期直立人感知世界90%的信息，都是来自视觉；其一半的大脑，是服务于视觉系统的。

除了眼睛—视觉的变化之外，草原生境还导致了非智人种耳朵—听觉的变化。

直立行走，使得非智人种的听觉更加开阔，效率大幅提高。树栖环境下，受到浓密枝叶的阻挡，声波被吸收导致穿透力大打折扣。又由于树栖猿分布在不同的水平面上，有的在树冠瞭望，有的在树枝间采集，有的在树下翻寻，这使得发声者无法聚焦一个点或面发声，声音的效率不高。试想一下，对着教学楼喊好几个楼层的同学们，就算扯着嗓子喊，效果也不会太好。因为耳朵—听觉的效率不高，因而树栖猿和一般哺乳动物几乎一样，只能使用几个简单的声音交流。例如危险的尖叫、发情的长鸣、警告的怒吼等。

直立行走就大不一样，没有了枝叶的阻挡，又由于大草原非常平整，非智人种都站在一个水平面上，因而声波可以集中在水平方向上传递，穿透力大幅提升。这使得听觉更加开阔，准确性得到提高，效率也大幅提升。因而非智人种发声交往的空间、范围、频次都上了一个台阶。再试想一下，站在操场上喊同学们，声音能穿透数百平方米、覆盖数十人，可以喊很多话，是不是方便多了。

此外，与猿类相比，人类的脖子越发纤细灵活，这也有利于眼睛和耳朵的开发。

总之，听觉效率大幅度提升，使得非智人种在利用声音上发生了质变——语言产生了。

"只要思想不滑坡，办法总比困难多"这句话用在这里，确实贴切。因为非智人种找到的解决办法就是语言，而语言属于意识范畴，而且是高阶心智范畴，确实也能说语言就是思想。有了语言之后，智人还真就具有了思想。东非热带草原的非智人种首先掌握了语言，这宣告了智能的诞生和智人的诞生。

听觉效率的大幅提高，诱导非智人种大力开发和演化声音的收、发器官。首先，在发声器官上，猿本身就具备一些优势。猿有发达的喉囊，所以民间有猿擅啼善啸的说法。诗仙李白名句"两岸猿声啼不住"，诚不我欺。进化到非智人种时，发声器官得到进一步优化。到智人阶段，声带肌和声带韧带的韧性增强、弹性增大，智人可以发出从窃窃私语到仰天长啸的各种频率的声音。

其次，在听觉器官上，智人耳较猿耳出现了肉眼可见的差别（见图11）。为了捕捉更多的声波，智人的外耳，呈明显的旋涡漏斗状，耳廓与颅骨有一定角度，耳尖隐没。猿类的外耳，旋涡漏斗状不明显，耳廓外沿的中后部扁平，耳尖突出，有明显豁口，显然不利于捕捉和收拢声波。新生儿要是长着像猿类一样的耳朵，临床就会诊断为"猿耳症"（见图11），通常被视作返祖现象。除了外耳，智人的中耳和内耳，也发生了一些结构优化。

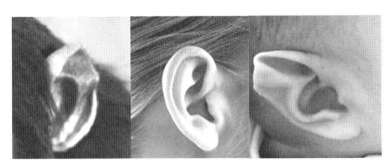

图11　一种猩猩的耳朵（左）与现代人耳朵（中）及新生儿"猿耳"（右）对比图

　　这些眼睛—视觉、耳朵—听觉的变化，使得智人获得的感官刺激呈几何级数增长，相应地显意识信息量也呈几何级数增长。海量的显意识和频繁的心智刺激活动，反过来又促进了智人脑[①]的发育。

　　与非智人种相比，智人的脑袋发生了一些变化。外观上脑盖变薄，眉脊发达，前额倾斜，枕部突出，鼻子宽扁，下颌前突。脑容量进一步增大，超过1300毫升，增大的部分主要在新皮层区域，新皮层区域的重量占到智人脑总重的80%以上。智人五部脑中，大脑的结构和机能优化更为明显，大脑表层进一步皮质化，甚至革质化。俗话说脑筋、脑筋，智人大脑的皮质和革质程度高，已经"起筋"了。解剖上可见，现代人大脑皮质化程度，是家鼠大脑皮质化程度的250%。脑科学研究已经指明，意识和思维就是大脑皮质活动的产物。智人大脑皮层，表面沟回加多加深、总表面积增大，所有动物里智人的大脑皮层最为发达。智人大脑左右半球出现功能分化，一般左半球主导逻辑、语言等，右半球主导音乐、运动等，一侧优势显性化。另外，智人脑中负责视觉和听觉的中脑更为活跃，中脑上丘和下丘也出现了机能优化。如图12。

---

① 多数情况下本书笼统地使用"人脑"一词，只有在特殊语境下才会使用"智人脑"一词，以与其他人种的"人脑"区别开来。

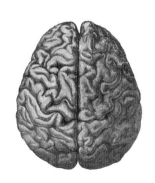

图12 智人和现代人大脑的俯视图

以上视、听感觉上的变化，以及智人脑的变化相互作用、相互影响，共同促进着智人心智活动的变化。百万年间慢慢积累的心智量变，最终促使智人喜提自我意识和抽象意识的两个心智质变。

056 意识之八：自我意识

现在，有了"猿—能人—直立人—智人"的论述做铺垫，又可以在上一章探讨的七种心智现象的基础上，接着探讨第八个心智现象了。首先来探讨自我意识。

所有的动物，天然都不具备自我意识。也不是所有的人都有自我意识，比如说不足六个月大的婴儿，一般也没有自我意识。这到底是怎么回事呢？

原来，**自我意识是后天习得的**。习得自我意识的最佳途径，就是语言交流，俗称说话。动物天然不具备语言，不会说话，因而无法习得自我意识。一些动物行为学家不服气，他们拿聪明的大象和猩猩做实验。实验设计巧妙，装备奢华，包括镜子、电脑、图像、音视频等，各种手段都用上，几十年如一日地教它们习得自我，然而实验结果依然令人沮丧。动物天然不具备自我意识，后天也无法习得自我意识。不足六个月大的人类婴儿，不会说话，也不具备自我意识。六个月以后，婴儿咿呀学语，渐渐就会说话了，此时婴儿的自我意识急剧膨胀，到一岁左右就有雏形了。这再次证明，婴儿期对成长是多么重要，初为父母的一定要注意啊。

动物之所以不具备自我意识，是因为它们未能进化出语言。假设人类婴儿未能习得语言，显然婴儿也无法形成自我意识。这里说的未能习得语言，不是哑巴的意思，哑巴只是发声困难，不能说哑巴不会语言交流。《人猿泰山》是艺术创作，如果真有一个婴儿在原始森林里长大，我敢肯定他不会有自我意识。

无须证明的是，要想发挥耳朵—听觉的效率，或者说要想发挥说话的效力，就必须要给事物命名，使之有明确的指称。比如，我、你、他、她、它的人物指称，这、那、彼、此的地点指称，以及昨、今、明的时间指称等。东非草原的智人，有提升语言交流的紧迫需求，明确指称是语言交流的第一关，智人必须过这一关。事实证明我们的祖先做到了、通关了，虽然他们交了百万年时间的"学费"。明确指称，这个进步不得了，它标志着自我意识的诞生。起初指称粗略地将我和他人、他物区别开来，这是自我意识的萌芽；后来，指称精确化并进一步将主我和客我、自我和他我、小我和大我、本我和超我区别开来，这是自我意识的升华。

有人可能觉得自我意识有什么了不起的呢，婴儿两三百天习得自我意识也稀松平常啊。但其实自我意识非常重要，它是一道"鸿沟"，将人和其他动物划分开来。幼儿分出你我似乎并不费劲，但你见过动物明确地、清晰地指称你我吗？没有！鸟不会指向它鸟；蛇不会指向它蛇；猩猩猛拍自己的胸脯示威，也许代表着一丁点儿自我意识的萌芽，但猩猩并不会用手指向其他猩猩。总之，只有智人后天习得了自我意识。

这里顺便插叙一个自我意识与烦恼痛苦的话题。有哲学家认为，本来人和自然界里的其他动物一样，生老病死，自由自在，就像其他动物看起来天生没有烦恼痛苦一样，人也应该是这样的，至少看起来不应该有烦恼痛苦。那人为什么看起来有这么多烦恼痛苦呢？

原来，这都是自我意识带来的副产品——负产品也许更准确。自我意识就像"潘多拉"魔盒，谁打开它，就犹如"自寻烦恼"，烦恼痛苦就终身相伴，怎么也摆脱不了。

远古人类朦胧认识到自我意识的副作用，因而远古文化中都有自我意识的禁忌。比如，《圣经》里上帝一再警告生活在伊甸园里、没有烦恼痛苦的亚当夏娃，不要取食禁果。这就是上帝的禁忌。然而他俩禁不住引诱，打破了禁忌，吃了禁果之后发生了什么变化呢？唯一的变化就是心明眼亮、看清了彼此、认清了自我，烦恼痛苦从此相伴终身。西方贤哲圣格列高利认为，"我的"和"你的"

这两个词是罪恶的渊薮，"这两个词，使我们短暂的一生充满了痛苦和无法解释的罪恶"。

东方贤哲庄子，也认为上古之人如赤子婴儿般天真，没有烦恼痛苦，甚至"禽兽可系羁而游"。在一篇寓言里，庄子还讲到混沌大帝"模糊的一团"、一窍不通，但却生活得无忧无虑、逍遥自在。后来被好朋友忽、倏二帝忽悠，打破禁忌，凿开了混沌的七窍，结果"七窍通而混沌死"。通了七窍，代表着心明眼亮了，有了自我意识了，结果混沌真的因此烦恼死了、痛苦死了。

057　意识之九：抽象意识

视觉、听觉上的变化，以及人脑的变化，除了给智人带来自我意识的质变，紧接着还给智人带来了另一个更重要的意识质变——抽象意识。如果说，对自我意识仅为人类所独具尚有争议的话，那么认为抽象意识100%只有人类才具有，可谓毫无争议。

什么是抽象？抽象是指从具体事物抽出、提炼出、概括出共同的、一般的、本质的属性，而将个别的、特殊的、非本质的属性舍弃的思维过程。概念上，抽象与具象相对立。简化来讲，抽象与直观相对立，抽象与具体相对立；不直观的、不具体的就是抽象的；或者说，空洞的、笼统的、虚构的就是抽象的。哲学一点的表述是，形而上的、务虚的、理性的、深奥的，就是抽象的；形而下的、务实的、感性的、生动的，就是具象的。

拿绘画艺术举个例子。常听说画家分为印象派画家和抽象派画家。印象派就是具象派、写实派，绘画以模仿自然为主，其画作都可以看到自然物的影子，有些甚至就像照片一样（如图13）。抽象派就是写虚派，绘画脱离模仿自然，侧重表达情感，其作品往往只有线条和色块，在外行看来就是"不知道画的什么东西"（如图14）。

　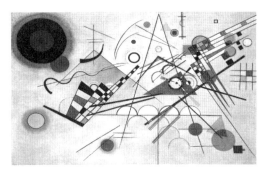

图13　印象派名画莫奈《干草垛（雪后）》　图14　抽象派名画康定斯基《构图八号》

　　抽象过程，包含了提炼和概括两个步骤。提炼，就是去除杂质凸显本质；概括，就是由此关联适用于彼。复杂的理论就不讲了，再举个有趣点的例子：智人是怎么发挥抽象能力，去认识天鹅的颜色的呢？

　　例一，非亚欧的智人捉住一只天鹅，把它认真清洗一遍。去除杂色如鹅掌的红色、尾羽的灰色等，凸显本色，发现是白色的。智人就此笼统地认为，这一只天鹅是白色的。这个过程，就是提炼。

　　例二，智人接着捉住了好几只天鹅，把每一只都认真清洗一遍，去除杂色凸显本色，发现每一只都是白色的。由此智人将被捉住的天鹅都是白色的关联到还没有被捉住的天鹅身上，笼统地认为不管是被捉住的还是没被捉住的，所有的天鹅都应该是白色的。这个过程，就是概括。

　　例一、例二的抽象过程，真实地发生在非亚欧智人身上。十几万年过去了，"天鹅都是白色的"这一意识毫不动摇。直至1697年，探险家佛拉明在澳大利亚西部发现了黑天鹅。

　　例三，佛拉明捉住一只天鹅（他真的这么干了），把它认真清洗一遍，去除杂色凸显本色，发现是黑色的。佛拉明就此笼统地认为，这只天鹅是黑色的。这个过程，还是提炼。17世纪末的佛拉明，已经不同于他的十万年前的、还处于初阶心智层级的智人祖先了，他是具有高阶心智的现代人了，因此他不需要再去多捉几只天鹅清洗清洗、提炼提炼，而是立即将这只天鹅是黑色的关联到还没被捉住的天鹅身上，笼统地认为不管是被捉住的还是没被捉住的，天鹅有白色和黑色之分。这一过程，还是概括。还没完呢……

　　例四，黑天鹅被带到欧洲展览，欧洲人炸锅了，纷纷启动抽象意识，再次提炼概括一遍，都重新笼统地认识了天鹅的颜色。

例五，由于"黑天鹅"事发突然，颠覆了十几万年来形成的三观，属于潜意识节段提到过的强烈刺激【046】，给人们的显意识和潜意识造成了海啸般的冲击。此后，人们就用"黑天鹅"来笼统地指称突然爆发的、海啸般的风险事件，财经媒体常见此词。

抽象的含义是搞清楚了，那么智人到底是怎么形成抽象意识的呢？这又得从语言说起。

原来，**抽象意识也是后天习得的**。习得抽象意识的最佳途径，也是语言交流。动物天然不具备语言，因而无法习得抽象意识。会假设的鱼？会虚构的猫？会提炼的狗？抑或会概括的猿？都是不可想象的。不足一岁的人类婴儿，一般也不具备抽象意识。会提炼和概括的新生儿？也是不可想象的。一岁以后，说话能力具备了，此时幼儿才开始慢慢习得抽象意识。大约三岁的儿童一般都能习得抽象意识。

这一切，听起来好像有点玄乎！但其实密码就隐藏在语言之中，抽象意识通过语言习得。语言本身就是提炼和概括的结果，也就是抽象的结晶。我们来深入剖析一下抽象的语言和语言的抽象。

058　抽象的语言和语言的抽象

第一个层次，单字。当智人的喉头发出［é］这个元音时，它就是一个物质声波，是声波能量对空气的一次振动。不管是发音［é］，还是声波能量，还是这个空气振动，它们都与鹅这种禽鸟，可谓毫不相关。比如，动物和人类婴儿，都不知道［é］与禽鸟有什么相关。那么，智人是怎么硬生生地将二者关联起来的呢？秘密就是抽象，就是来虚的，就是凭空虚构。

原来，智人首先将这个单音节声波与鹅这种禽鸟凭空联系起来，去除其他杂质，这就是提炼。紧接着，智人还将这个单音节声波代表鹅这种禽鸟，适用到其他鹅类禽鸟，将"鹅"这个单字与所有鹅类禽鸟，如天鹅、雁鹅、狮头鹅等，凭空关联起来，这就是概括。就这样，经过抽象一处理，智人硬生生地将声波和禽鸟这两个毫不相关的事物关联起来了，所以发声单字本身就是提炼和概括的结果，也就是声波抽象为他物的结晶。单字就是，抽象的结果。

第二个层次，词语。当智人发出"捉鹅 [zhuō é]"这个双音节词语时，它是两个声波，是声波能量对空气的两次振动。智人首先将"捉"这个音节声波与"鹅"这个音节声波联系起来，去除其他杂质，这就是提炼。紧接着，智人还将"捉"这个音节声波适用到其他同类动作，如抓、捕等；将"鹅"这个音节声波适用到其他禽鸟，如鸡、鸭等；最终将"捉鹅"这个词语与"抓鹅""捕鹅""捉鸡""抓鸭"等词语关联起来，这就是概括。跟单字一样，智人再次将两个毫不相关的事物，硬生生地关联起来了，所以发声词语本身就是提炼和概括的结果，也就是声波抽象为他物的结晶。词语也是，抽象的结果。

第三个层次，短句。这个层次就更厉害了，因为这个层次不光有词汇，还有较复杂的语法，但道理其实是一样的。智人发出"我们去捉鹅"这个短句，它是一段有节奏的声波，是声波能量对空气的有节奏的振动。智人首先对这段节奏声波去除杂质凸显本质，这就是提炼。紧接着，智人还将这段节奏声波关联适用到其他同类的节奏声波上，如"我们去抓鸭""他们去捉鸡"等，这就是概括。所以发声短句本身就是提炼和概括的结果，也就是声波抽象为他物的结晶。短句也是，抽象的结果。

第四个层次，复杂句子。同理，当智人发出"我们绕过鳄鱼去芦苇里捉鹅"这个复杂句子时，它是一段长短间隔的有节奏的声波，是声波能量对空气的有长短间隔的有节奏的振动。智人首先对这段长短间隔的有节奏的声波去除杂质凸显本质，这就是提炼。紧接着，智人还将这段声波关联到其他同类的长短间隔的有节奏的声波上，如"我们绕过河马去芦苇里捉鹅""他们绕过鳄鱼去沙洲上抓鸭"等，这就是概括。所以发声的复杂句子本身就是提炼和概括的结果，也就是声波抽象为他物的结晶。复杂句子，当然也是抽象的结果。

从上可以看出，语言确实是抽象之物，是智人硬生生虚构出来的。人之初[①]并没有语言。语言，是人类智人种几十万年间后天演化而来的，是现代人类婴儿几百天时间里后天习得的。后天习得语言的关键，是要具备抽象能力，没有抽象能力就没有语言。动物完全没有抽象能力，所以动物没有语言；能人和直立人几

---

① 人之初，此处包含人类诞生之初和人出生之初两层意思。下同。

乎没有抽象能力，所以也没有语言；抽象能力受损、心智受损，即使会说话的人也可能又不会说话了，这就是失语症。

如果还不相信语言是虚构出来的，那么请你做个实验。在现存语言中找个你完全听不懂的语言，比如阿亚帕涅科语（不用查了，世上只剩几个人会说这种语言），最好是其纯音频文件，不要有任何视频、图像、字幕、背景音等内容，听上三天三夜。一头雾水的你反而就会明白，那些叽里呱啦的声波与它表达的意思之间的关联，完全是凭空建立起来的、是虚构的。语言确实就是抽象之物、虚构之物。

059 语言是高级神经活动的物质成果

为进一步说明语言是智人抽象虚构出来的，我们请来了诺贝尔奖得主巴甫洛夫。他创立了高级神经活动生理学，建构了条件反射理论。图15，描述的是"巴甫洛夫的狗"的著名实验。

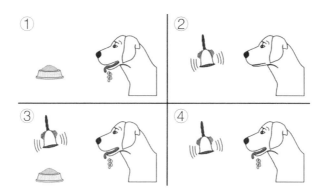

图15 非条件反射和条件反射示意图

巴老先生将反射分为非条件反射（如图①）和条件反射（如图④）。以信号类型为"鸿沟"，条件反射又可分为第一信号系统的反射和第二信号系统的反射。由视觉、听觉、嗅觉、味觉、触觉等方面具体信号引起的，叫做第一信号系统的反射，人和动物都有第一信号系统的反射。由语言、文字等方面抽象信号引起的，叫做第二信号系统的反射，只有人有第二信号系统的反射。本书显然继承了这些观点。

其一，对狗来说，铃声和食物本来是不相关的（如图②）；就像对智人而言，[é]这个元音与鹅这种禽鸟，本来不相关一样。

其二，狗，经过反复训练（实际上就是学习，如图③），它可以在铃声和食物之间硬生生建立起关联来，这个关联属于抽象的关联。狗，建立抽象关联的难度很大，需要长时间反复训练；关联对象的范围很窄，一般都是与生存相关的具体事物，如食物、天敌等；即使建立起来了，如果不持续强化，这个好不容易建立起来的抽象关联，很快就会消退。

其三，智人经过学习，能够在[é]与鹅之间硬生生建立起关联来，这个关联也是抽象的关联。与狗相比，不仅智人建立起抽象关联的难度要小得多；关联范围大得多；而且智人建立起来的抽象关联也要牢固得多。当然，智人建立起的抽象关联，也需要强化，否则迟早也会消退。

其四，巴老先生还指出，条件信号可以是声音（铃声）信号，也可以是光信号、电信号等。同理，对智人而言，所有感觉信号如声音信号、光线信号、电子式信号等，都可以抽象为他物，也就是都可以用于建立抽象关联。

其五，智人利用声音信号建立抽象关联，具有先天优势，因为智人既具备发音器官喉咙，也具备收音器官耳朵。智人充分利用这一先天优势，大力开发喉咙和耳朵，演化出了声音语言（简称音语，以与下面的表述相对应）。相比之下，如果智人利用视觉信号、嗅觉信号、味觉信号、触觉信号，就没有先天优势，因为智人只有接收这些信号的器官，没有发出这些信号的器官，所以智人无法演化出光语、嗅语、味语、触语。[①]【032】

其六，社会学家、人类学家费孝通也指出，"语言是用声音来表达的象征体系"。费老所说的象征，就是抽象的意思。可见，语言（音语）就是智人开发利

---

① 哑语和旗语除外，哑语和旗语是利用光线信号的，属于光语。还有盲文（盲语），是利用触觉信号的，勉强可算触语。哑语和旗语的缺点明显，比如黑夜等暗黑环境下无法使用，盲文的缺点更明显。智人虽然没有演化出光语，但智人研发出的计算机、互联网等信息设备，都具有光信号（光波或电磁波）收发功能，都在用光语沟通。另外，虽然智人没有发光器官，但大千世界无奇不有，动物中却有这样的异类。最著名的当属萤火虫，还有一些深海生物同时具有发光器官和感光器官，它们都能利用光信号交流。

用声音信号，硬生生建立起来的、丰富的、牢固的抽象关联。语言几乎每天被应用着，时刻被强化着，因而语言这种抽象的关联十分牢固。但如果一个人长期不说话，久而久之，他的语言能力也是会消退的。

语言的内核就是语意，就是抽象意识，它是一种NES物质，是智人脑高级神经物质活动的产物。语言就是，智人脑高级神经活动的物质成果。所以，如果人脑神经受损，不管是物理的、化学的还是生物的损伤，一般有可能导致语言问题；反过来，如果病人出现语言问题，说话不利索了或胡言乱语了，那么这个病人多半脑神经也出了问题。同理，因为语言是物质的，所以刺激性语言就像毒物，有可能给他人带来物质病变，或者加重病人的症状；反过来，抚慰性语言就像良药，也能够治愈某些物质病变，至少是能减轻病人的症状。

我们认为只有人类具有语言，但一些动物学家不这么看。他们认为，很多高级动物具备第一层次的语言。比如狗的叫声就有好几种，每一种都是一个单字。他们还认为，少数高级动物具备第二层次的语言。比如鸟语就非常复杂，既有单字也有词语。他们甚至认为，极个别高级群居哺乳动物，还具备第三层次的语言。比如猴子、猩猩等，在围猎的时候，它们的叫声里不仅有字和词，还蕴含着复杂的行为分派指令。

不管是这些动物学家，还是普罗大众，没有人会认为其他动物具有第四层次的语言能力，就是说其他任何动物都不可能说出"我们绕过鳄鱼去芦苇里捉鹅"这样的话来。鹦鹉和八哥，可能能发出这样一段声波，但那不是它们的语言，它们更不可能知道这段声波的含义。换句话说，如果听到屏风后面传来"我们绕过鳄鱼去芦苇里捉鹅"这句话，我们一定会认为屏风后面有人，没有人会相信藏在屏风后面的不是人。

为什么所有人都坚信，其他动物不可能具备第四层次的语言能力呢？因为智人说出"我们绕过鳄鱼去芦苇里捉鹅"这个复杂的句子，代表着动物神经进化之路上发生了第三个里程碑事件——智能的诞生。

060 智能的诞生

当智人说出"我们绕过鳄鱼去芦苇里捉鹅"这个复杂的句子时，智人才真正成为我们。因为此时智人脑对信息的处理步骤是这样的。

第一步，感官接收的感觉信息，如皮肤感受到凌晨的寒冷、眼睛看见了芦苇和鹅；语言交流的听觉信息，如听说水中有鳄鱼。这些信息，以NES的方式传递给智人脑。

第二步，智人脑调动储存的意识，如绕过鳄鱼就比较安全、早上天冷的时候鳄鱼不活动、潜伏在芦苇丛中不易被鹅发现等。

第三步，智人脑去除信息杂质，如鹅的黑白、鳄鱼的肥瘦、芦苇的枯荣，凸显出关键信息，如鹅是美味、鳄鱼还没热身。然后关联到此前绕弯儿躲避河马的经验、在盐碱滩捕杀火烈鸟的技巧上去，概括出此次捉鹅的行动方案。

第四步，智人脑快速决策形成一个综合解决方案，以NES的方式输出。智人的躯体，当然会按照信号指令行事：声带肌一张一缩，说出"我们绕过鳄鱼去芦苇里捉鹅"这句话。

智人经过一系列复杂的感觉和意识活动，调动了一系列高阶的神经配置，说出了这句话。这句话，如果再转化为动力学指令执行下去，就可以观察到智人们弯腰、嗓声、屏息、拿木叉、握石头、蹑手蹑脚、四散围拢……各种动作非常协调、整体、连贯，不仅是"有意为之"的，而且看起来像是动了脑筋的、有战术编排的、有阴谋的、有后招的、有算计的、有算法的。

算法就是智能啊！智能就这样诞生了。

所以，心智计算理论倡导者平克宣称："智能就是计算。"智能就是计算、运算、算计，智能就是智人脑展现的算法。相应地，智力就是算力。智力这种计算和算计能力，一定要建立在假设、虚构、虚拟的基础上，也就是一定要建立在抽象的基础上。智能和算法的核心，是抽象。

智人脑是智能产生的生物基础，智人脑对意识的处理发生了质的提升：各种意识信息输入智人脑，智人脑整合加工为NES，这就是智能。

如果说，感觉是动物神经活动的结果，意识是高级动物高级神经活动的结果，那么智能就是进化地位最高的智人最高级神经活动的结果。智能就是智人脑处理意识时形成的NES物质，因此，智能可以理解为是经过智人脑综合处理之后的高阶意识。是智人脑这一器官，将人的心智从初阶心智——意识，带向了高阶心智——智能。

所以说，**具有智人脑的智人才有智能，意识信息交由智人脑处理时才会产生智能**。或者说，意识信息交由智人脑，由智人脑再加一点"料"（主要是神经算法）综合处理时，才会产生智能。当然，意识是NES物质，智人脑添加的这点"料"，是智人脑储存的NES物质，所以智能仍然是NES物质。

这样说，好像漏洞很多，站不住脚。人们可能会反问，一些植物也有"阴谋"，比如捕蝇草会分泌汁液，吸引昆虫；一些低级动物也有"后招"，比如穴蚁蛉幼虫就会制造漏斗状陷阱，以诱捕猎物；一些高级动物也会"算计"，比如狮群根据风向、距离、隐蔽物、难易程度等，"算出"最佳伏击路线，为什么说它们不具有智能呢【001】？根本原因是，捕蝇草的反映、穴蚁蛉的感觉，狮群的意识，都不是抽象的，它们都不具有抽象机能。植物捕蝇草不会提炼和概括；低级动物穴蚁蛉不会提炼和概括；即使是高级动物狮子，显然也不会提炼和概括，它们都不会抽象。

幽默来讲，可以说捕蝇草、穴蚁蛉、狮子都太实在、太具体、太直观、太感性，它们都不会来虚的、空洞的、笼统的、理性的这一套，也就是它们都不会抽象这一套。这个世界上，只有智人会来虚的、空洞的、笼统的、理性的这一套，只有智人会提炼和概括，只有智人的"脑筋会拐弯儿"，也就是会抽象。有些历史学家甚至认为，智人之所以成为地球唯一的主宰，就因为只有智人会来虚的、会虚构、会抽象。

换个角度来总结一下，单就动物动力学性能的进化历程来看：至少是5亿年前，低级动物凭借神经细胞，进化出感觉的动力学性能，它们能有感觉地自主运动；大约4亿年前，高级动物凭借完整脑，在感觉的基础上，进一步进化出意识的动力学性能，它们能有意识地自主运动；大约20万年前，智人凭借智人脑更进一步，在感觉和意识的基础上，进化出了智能的动力学性能，因而智人能够智能地自主运动。**智能的动力学性能，是迄今为止最高阶的动力学性能，无出其右。智能的动力学性能，也是我们能征服海陆空，甚至突破"三观**①**"，探索宏观太空世界、探索微观粒子世界的原因。**至此，心智从高级动物的意识，发展到了智人的智能的新高度。

————————————

① 三观，一般是指世界观、人生观、价值观，此处借指宏观、中观、微观。

举个例子，拿高级动物狗，来和智人比较一下。假设智人和狗，此前都没有见过碎肉饼。

如前所述，饿狗一定会猛扑上去，一口咬住。此刻支配狗的是脊髓，此时狗只有感觉没有意识，如果旁边刚好有一条小狗，它会无情地把小狗冲走冲倒，其行为看起来是无情的、本能的、不过脑的、无意识的。如果狗主人大喝一声，狗就不敢猛扑上去。此刻支配狗的是狗脑，此时狗有感觉也有了怀疑的情绪，因而也有了意识，如果旁边刚好有一条小狗，它甚至会"礼让"小狗尝一尝，其行为看起来就是有情的、后天的、过脑的、有意识的。

饥饿的智人不会猛扑上去，更不会张口就咬。此刻智人的脊髓传递着饥饿的感觉，但智人脑却传递着"有诈""有危险""这能吃吗""没有免费的午餐"等意识。智人会有短暂犹疑（至少40毫秒），他会提炼概括各方面的信息，快速决策形成一个综合解决方案，并以NES的方式输出。他大概率会看看周围，用棍子捅一捅，用鼻子嗅一嗅……如果旁边刚好有另一个智人，他不仅不会无情地把这个智人赶走打倒，他反倒会狡黠地看一看，然后和这个智人说话，交换信息，一起提炼概括形成新的综合解决方案，并以NES的方式输出。智人的犹疑，以及犹疑之后采取的行动，不仅是有意识的，而且看起来像是动了脑筋的、有战术编排的、有阴谋的、有后招的、有算计的、有算法的，也就是有智能的。

可以说，在智能诞生之前，原始人和狗相差无几。智能诞生之后，我们与禽兽之间才出现"鸿沟"，此时智人，才真正将自己与禽兽和其他人种区别开来。

总而言之，智能诞生之后，智人的心智就不仅包含了意识还包含了智能[1]。此时，智人的心智活动，就和我们现代人完全一样了。抽象意识及孕育于其中的智能，对人类至关重要，所以史学巨擘斯塔夫里阿诺斯在《全球通史》里就说："人类，只有人类，能创造自己想要的环境，即今日所谓的文化。其原因在于，对于同此时此地的现实相分离的事物和概念，只有人类能予以想象或表示。"[2]

---

[1] 接下来，在心智、意识、智能、心理、智慧、精神等词语中，尽可能优先使用心智一词，除非因为语言习惯或上下文表达需要，才会选用其他词语。

[2] 可以看出，"同此时此地的现实相分离的事物和概念""想象或表示"，实际上都是在描述抽象意识。

现在，将能人、直立人、智人、现代人做一个系统的比较，这有助于我们认清自己。见表3。

表3 能人、直立人、智人、现代人对比表

项目	能人	直立人	智人	现代人
存在时间	200万年前—150万年前	200万年前—20万年前	20万年前—1万年前	1万年前至今
身高	110—130cm	160cm	130—180cm	170cm
脑容量	600ml	1000ml	1300ml	1400ml
大脑皮质层及面积	皮质稀薄、沟回少、沟回浅、面积小	皮质稀薄、沟回略多、沟回加深、面积略大	皮质浓厚、沟回多、沟回深、面积大	
行走方式	直立行走，双手过膝		直立行走，双手不过膝	
能否制造使用工具	能	能，旧石器	能，旧石器和新石器	能，各种复杂工具
语言	发声单字，无语法	发声单字和词语，无语法	复杂句子，有语法，无文明	复杂句子，有语法，有文化文明
自我意识	可能没有	有	有	有，强烈
抽象意识	无		有	
智能	无		有	

直观来看，假设将能人、直立人、智人梳洗一番，剃掉胡须体毛，做个面膜，洒点香水，然后穿上现代人的衣服，混在我们中间。你一眼就能发现能人跟我们不一样，并断定他不是现代人；你也能辨别出直立人跟我们不一样，大概能推测出他也不是现代人；但你很难辨别出智人，更不敢断定他不是现代人。

同样，假设设置三个彼此挡隔的屏风，然后将饥饿的能人、直立人、智人分开关在屏风后面。当大声说"肉"的时候，能听到三个回答响应；当大声说"吃肉"的时候，大概能听到两个回答响应；当大声说"大家伙儿来吃肉啊"的时候，我们顶多能听到一个回答响应。

061 智人和智能

先回顾一下教科书是怎么给人下定义的。教科书，最早是采用"直立行走"这个内涵来描述人，后来发现这个内涵不为人类所独具。然后，教科书打了个补丁，加上"制造和使用工具"这一内涵，看起来似乎更准确了一些。但正如前文所述，乌鸦、黑帽卷尾猴等高级动物也会制造和使用工具。学者们因此进一步修正这一内涵，有人提出人类与其他动物最根本的区别在于是否"携带工具"，并据此认为"人是制造、使用和携带工具的动物"。

如果还要进一步将智人种与能人种、直立人种等非智人种区分开来，该采用什么内涵，用什么"鸿沟"呢？从上文可知，语言是个不错的内涵。我们可以说，凡是能说出"我们绕过鳄鱼去芦苇里捉鹅"等复杂句子并明白其含义的动物，就是智人。语言确实是智人具备的一个特殊属性。从对"造人之地"的分析可以看出，发生在东非草原的耳朵—听觉物质环境的变化，对智人的形成是多么重要。一些高级动物，以及能人和直立人确实具备发声单字或词语的能力，但只有智人才会**说话——会真正的语言**，能人和直立人都不具有真正的语言。更根本的是，语言不仅是直观的能力，而且还是抽象的结晶，语言给智人带来了自我意识和抽象意识；更进一步地，抽象意识还赋予智人以智能。

为什么不直接用自我意识、抽象意识、智能，来给智人下定义呢？比如说，智人就是具有自我意识和抽象意识的动物。这样定义不香吗？香！只是一头雾水，不够简洁明了，属于模糊定义。自我意识和抽象意识，对智人来说确实重要，以至于历史学家赫拉利将其提炼到"认知革命"的高度。但无论自我意识和抽象意识多么重要，它们还是太模糊、太笼统，不够直观、不够具体，不适合用来下定义。再比如说，智人就是具备智能的动物。直接用智能给智人下定义，但这显然是循环定义。

因此，我们将会说话，也就是能够使用语言，作为划分智人和其他人属人种的最根本的一道"鸿沟"。即把语言作为衡量智能的标尺，智人就是具有语言的动物。这个定义也与常识相符。比如，人们平时就是用语言能力来初步检测智能的，拿份问卷问几个问题或者当面聊几句，就能大致判断一个人的智力，智商（IQ）测试就是这么干的。

至于智能，现在已经很清楚了，那就是智人脑的高阶意识。目前，智能只来源于人的意识，智能是一种高阶意识，智能可以理解为是智人脑的高级神经算法。

智能是由智人脑产生的，只有智人脑有智能。人脑越不发达，智能就越弱；人脑越发达，智能就越强。我们说除人之外的脊椎动物有意识没智能，因为它们只有完整脑，却未演化为人脑；能人、直立人有意识可能还有很弱的智能，因为他们的人脑还不够发达；智人、现代人有意识有很强的智能，因为我们的人脑最为发达。

虽然智能是抽象而来的、虚构而来的，但智能仍然是真实的，是真实的存在，是实存，是物质①。智能是一种物质，是智人脑产生的NES物质。**NES这种物质，依托神经细胞给动物带来了感觉，依托完整脑给高级动物带来了意识，更进一步依托智人脑给智人带来了智能。**

可见，"感觉—意识—智能（如图16）"都是神经物质活动的结果，都是NES物质。生动一点地讲，NES这种物质，如果仅经过神经细胞（含神经泡、脊髓、脑泡等）直来直去的话，就是动物的感觉（俗称直觉）；如果感觉经过完整脑综合处理一下的话，就是高级动物的意识；如果意识经过智人的脑筋"拐个弯儿"地综合地处理一下的话，就是智人的智能。

人脑智能活动产生的NES，都会送给人脑复写、储存，以备日后调用。人脑日夜不停地整合加工着NES。人脑越发达，对NES的复写、储存、调用能力就越强。

---

① 智能这种虚构的真实，这种抽象的实存，智能的物质性等等，确实不好理解。如果认识到意识是物质的，抽象意识当然也是物质的，那么孕育于抽象意识的智能，当然也是物质的，能这样理解就足够了。

智人的智能
高级动物的意识
动物的感觉
生命的反映

图16　生命的反映—动物的感觉—高级动物的意识—智人的智能演化示意图

神经进化之路的第一个里程碑是神经细胞的进化产生，它带来动物反映提升到感觉的质的飞跃。

神经进化之路的第二个里程碑是完整脑的进化产生，它带来高级动物感觉提升到意识的质的飞跃。

神经进化之路的第三个里程碑是智人脑的进化产生，它带来智人的意识提升到智能的质的飞跃。

我们现代人的心智，从生命反映的沃土中汲取养分，在动物的感觉中播下种子，于高级动物的意识中萌发诞生，最后在智人的智能之上升华而来。

062　关联能力

前面一口气提到了多个概念，例如自我意识、抽象意识、提炼、概括、虚构、假设、关联、语言、算法、智能等。深入分析的话，可以说关联是其中最基础的一个概念。关联，是事物之间的双向贯穿连接，用符号表示就是A←→B，即事物A贯穿连接事物B，事物B也贯穿连接事物A。关联能力是非常重要的基础能力，它是抽象的发端、语言的开始、算法的源头、智能的起步。

关联是抽象的发端。抽象就是在事物之间建立虚构关联，即A←…→B。例如，"巴甫洛夫的狗"将铃声A与食物B关联起来了。康定斯基的线条色块A与音乐歌舞B关联起来了（专家们认为，图14将视觉与声觉关联起来，画家在表达视觉化的声觉，即某种联觉）。这些关联，当然属于虚构关联。

关联是语言的开始。语言就是在声波与意思之间建立关联，即声波←…→意思。比如，声波［é］与禽鸟鹅关联起来了。这个关联，也属于虚构关联。

关联是算法的源头。算法就是有规则的系统的关联。例如，ASCII是一套编码算法，在ASCII里，小写字母a与码数值97关联起来了；大写字母A与码数值65关联起来了；同时，ASCII还有规则地、硬生生地规定：小写字母码数值=大写字母码数值+32。ASCII的一整套关联，也属于虚构关联。

关联还是智能的起步。智能就是由关联"拼装"起来的。例如，穷尽法是常用的一个智能思考方法，穷尽法的关联"拼装"规则是：穷尽与事物A相关联的所有事物A1A2A3…An，同时穷尽与事物B相关联的所有事物B1B2B3…Bn。这套智能的关联，也属于虚构关联。

搞清楚了抽象意识、语言、算法、智能与关联的关系之后，回过头来再审视自我意识【056】，就会发现：自我意识其实就是粗糙的抽象意识，因为自我意识也是从建立虚构关联开始的。比如，明确指称是形成自我意识的第一步，指称实际上就是在事物之间建立的指代关联。你←…→对面的人，就是人物指代关联；昨←…→过去的时间，就是时间指代关联；那儿←…→另一个空间，就是空间指代关联；等等。

就算是"制造、使用和携带工具"这条"鸿沟"，背后隐藏的也是虚构关联。比如，制造工具与实用功能关联，使用工具与杀伤效果关联，携带工具与储存价值关联等。假如失去关联能力，显然人类也不可能发展出制造、使用和携带工具的能力。

通过以上对关联能力的解剖可见，手术刀这样切下去，算是切中肯綮切到宝了。

宝贝一：关联具体是指神经关联。动物具备神经关联，比如动物能将气味与猎物、同类或天敌关联起来。仅为人类具有的虚构关联的能力，不是凭空而来的，它是在动物神经关联的基础之上演化积累而来的，是高级神经系统带给我们的"厚礼"。

宝贝二：人类之外，自然状态下其他生命，都不会虚构关联。巴甫洛夫的伟大之处在于，他发现高级动物非自然状态下（如实验环境），竟然可能后天习得某种虚构关联。**他验证了，哪怕是智人虚构关联的神奇能力，也以原始形式存在于某种动物身上【013】。**

宝贝三：原来，纷繁复杂的精神世界，也没有它看起来那么眼花缭乱，也不过就是"关联积木"搭建而来。好比五彩缤纷的实物世界，也不过就是"原子积木"搭建起来的；多姿多彩的生命世界，也不过就是"细胞积木"协作生成的。

063　智能的不足

智能的优点很多，如语言、文字、虚构、想象、假设、构思、筹划、决策、推理等，这些优势最终都可以归结为一个优势——超出所有其他生命的动力学性能的优势。正是因为尝到了这个甜头，以至于我们乐此不疲，一骑绝尘，成为地球上唯一的智能生命。

那么智能有没有不足呢？肯定有，至少有三个不足。

智能的第一个不足就是，耗能。

与意识活动能耗很高相类似，智能活动能耗更高。脑热力图显示，人脑长期处于红彤彤的高温状态，只有在休息或睡眠时，才会有一部分区域降温，转变为蓝色。也正如前面所说，智人获得了智能，但却必须将一半以上的生命用于休息和睡眠，否则就会油尽灯枯，直至死亡。进化生物学家认为，其他高级动物以及其他人属人种，之所以没能在意识的基础上进一步进化出智能，是因为它们没有找到能量解决方案，无法给完整脑分配更多的能量。只有智人，挥舞木棒、投掷石头、钻木取火、打磨石器、采集渔猎、种植畜牧……百万年间，终于解决了问题，能够给人脑分配足够多的质能，而正是这些额外的质能，最终催发出了智能。

智能的第二个不足是，反应慢。

智能虽然厉害，但并不是以快取胜的，相信这一点大家也认同。智能就是算法、计算、运算、算计都需要时间，因而智人调动智能、展现智能也需要时间。对比来看，智人调动潜意识、展现本能几乎不需要时间，换言之本能的、无意识的反应最快；智人调动显意识、展现显意识需要约40毫秒的时间，换言之有意识的反应也不慢；而智人调动智能、展现智能则至少需要40毫秒以上的时间，对比可见智能的反应较慢。这就好比心算，我们心算1+1几乎不需要时间，凭本能就能脱口而出；心算123+456一定需要时间，至少需要几十毫秒；而如果心算123×456，恐怕需要很多秒，甚至几分钟。

智能反应慢的特性，表现在行为上，就是我们总会顿一下，迟疑一下，然后才行动。正常人的迟疑和反应慢，看起来不明显。但部分失智的病人、智能尚未发育完全的幼儿或者智能已逐步退化的老人，他们展现智能需要更长一点的时间，他们的迟疑和反应慢，就很容易观察到。

还可观察到，呼吸、心跳、眨眼、打喷嚏、体液循环等基础运动，都受神经调控。但这些基础运动显然并不需要"麻烦人脑亲自"来以智能指挥。因为智能反应慢，而且智能指令具有随机性，如果这些基础运动完全依赖智能指挥是很危险的。比如，顿一下再呼吸、迟疑一下再心跳、随机改变血液的流向，试问谁能经得起这样智能的"瞎指挥"！

可见，神经系统分工明确各展所长，有的模块擅长稳定快速的反射反应，有的模块提供综合整体的解决方案。也就是说，低级神经活动（电突触和电信号较多）可以完成的事情，对很多动物来说已足够受用一生；完整脑神经活动提供综合整体的解决方案，对高级动物来说也已足够；只有智人脑的最高级神经活动（化学突触和化学信号较多），才需要这个有点慢的智能解决方案。

智能的第三个不足是，容易致疾。

相较于野生动物，我们的身体看起来真不怎么样，我们很容易生病。这是为什么呢？除了基因、环境等原因外，智能竟然也是我们容易生病的原因之一。也就是说，我们不光容易得物理性的疾病，如劳损等；化学性的疾病，如过敏等；生物性的疾病，如流感等；我们还容易得心智性或心理性，也就是意识和智能方面的疾病，如抑郁等。美国成年人中16%有过重度抑郁症状，46%遭受过心理疾病困扰；从全球范围来看，精神心理疾病的发病率也一直在增长，有10亿人罹患精神疾病。

智能为什么使人容易生病？原因或许有二：一方面，智能只有区区20余万年的演化积累，在结构、免疫、调适等方面，不可避免地存在缺陷和不足，因此十分脆弱、很容易遭受攻击；另一方面，智能要求意识量爆炸式增长，这种急剧突变而非平滑演进的方式，肯定会带来负面影响。抽象意识和智能容易致疾的话题，包括心理疾病、精神疾病等话题，后面的章节还会深入探讨。

064　人属的智能

　　将人属的智能发展历程与现代人智能的发展历程对照来看，这样一比较还挺有意思。例如，能人的智能，就好像现代人的未满周岁的婴儿。比一比看一看二者之间的共同点。如图17。

能人　≈

直立人　≈

早期智人　≈

图17　人属的智能对比示意图，本图只比较智能，不比较体格、意识量、行动能力等

　　第一点，脑容量差不多。脑细胞是一种特殊的神经细胞，几乎没有再生能力。智人在神经进化之路上尝到了甜头，因而其遗传密码指定胎儿优先发育脑细胞。这就是智人胎儿的躯干细小瘦弱、光滑无毛、看起来像早产儿，但脑袋却发育完好甚至还长出了毫无用处的胎毛的原因。胎儿头大躯干小，也是智人生育难产率明显高于一般哺乳动物的原因之一。胎儿的脑细胞，最多时有2000亿个，在婴儿娩出时就已凋亡一半，但仍有1000亿个之多，只是此后终生只减不增。现代人婴儿，出生时的脑容量跟成年能人的脑容量差不多。

　　第二点，都不具有语言或说话的能力。现代人婴儿，天生不会说话，一般半岁左右开始学习发声。最初学习单音节发声，如啊、哇等，这是第一层次的语言能力即单字能力；很快就采用重复单音节方式发声，如妈妈、水水、甜甜等，这是第二层次的语言能力即词语能力。能人终生不会说话，其语言能力顶多能达到现代人的未满周岁的婴儿的水平，也就是只会单音节发声的水平。

第三点，都不具备自我意识，或者自我意识很不完备。照镜子，是一个很好的检测自我意识的实验。婴儿第一次照镜子也是不知所措，也不能认清自己，也可能会到镜子后面查看。此时婴儿并没有自我意识。但婴儿有成年人辅导，有很多的学习机会，大约半岁以后，随着语言能力的提高，婴儿就能慢慢习得自我意识。此时再照镜子，就大为不同了，很多婴儿能对着镜子指指点点，一些甚至能对镜上演"表情包"。此时婴儿的自我意识已经萌芽，但还不完备。能人学习能力和学习环境都不及现代人婴儿，语言能力更不及婴儿，因此能人不具备自我意识。即使能人有自我意识的萌芽，其水准也不及现代人不满一岁的婴儿。

第四点，都不具备抽象意识和智能。现代人一岁左右学会说话，此时开始习得抽象意识；也就是说未满周岁的婴儿，是没有抽象意识的，也不具备智能。能人虽然名字叫能人，但人类学家公认他们还不具备智能[1]。例如，未满周岁的婴儿和能人都很直接，想哭就哭想笑就笑，他们很实诚，不会来虚的，更不会玩儿阴的。还有，未满周岁的婴儿和能人都不识数，他们理解不了抽象的数，哪怕是最简单的1、2、3。

如果说能人的智能就好像现代人的未满周岁的婴儿，那么直立人的智能就好像不到三岁的幼儿。如图17。

还是先看脑容量。成年直立人的脑容量，只比成年智人少200毫升左右，应该和现代人的三岁儿童差不多。

再看第二点，语言能力。直立人已经学会了发声单字和词语，也可能学会了一些简单的短句，但还没有说出复杂句子的能力。不到三岁的现代人幼儿，单字、词语和短句都不在话下，但要说出复杂的句子，也还有一定的困难。

第三点，都具备自我意识。现代人的不到三岁的幼儿，确实已经具备了自我意识，能清晰地分出我和他人、他物。在某些方面，如玩具糖果的分配上，还表现得非常自私。直立人也能区分我和他物，他们会随身携带质量上乘的石器兽皮。在旧石器时代遗址里，可以清晰地看到这些证据。

第四点，都还没有形成完备的抽象意识和智能。现代人大约一岁学会说话，

---

[1] 从只具有意识但还不具有智能这一点来看，能人其实与禽兽差别不大。

并慢慢习得抽象意识。不足三岁的幼儿，具有了抽象意识但不完备。幼儿的行为是直率的、草率的，甚至是不计（请注意这个计字，就是计算、算计的意思）后果的，他们天真无邪，还不会计算和算计，更看不出有什么阴谋。直立人更不具备抽象意识，甚至还不如不足三岁的现代人幼儿。直立人和不足三岁的幼儿，他们能理解和使用1、2、3等小的数字，但理解不了大的数字①。

如果继续类比下去，就会发现早期智人很像已满三岁的儿童（如图17）。比如，已满三岁的儿童，语言能力已经很强，完全可能说出类似"我们绕过鳄鱼去芦苇里捉鹅"这样复杂的句子。已满三岁的儿童，已经会来虚的，也学会了虚构，他们的抽象能力大幅度提升，已能抽象地解决一些问题。例如，三岁儿童玩"过家家"，他们能把石子抽象为馒头、把树叶虚构为蔬菜、把沙子想象为米饭……无论他们的"厨房和宴席"缺什么，哪怕是缺水缺电，他们都能通过抽象加以解决。

还有，三岁儿童习惯问为什么，而且乐此不疲，发问的频率甚至连亲生父母都难以招架。可不要小看"爸爸为什么不能生宝宝""妹妹为什么要留头发"这类稀奇古怪的问题，能问为什么正是智能的显性特征之一。试想，无论是奶狗还是成年狗，狗从来不会问为什么，原因就是狗不会抽象，没有智能。现代人儿童在三岁时就已经具备的抽象意识、思维能力，或者说智能水平，狗一生都不会具备。换句话说，还没有哪种动物的智能水平能超过现代人的三岁儿童，即使是早期智人也只能勉强与三岁儿童打个平手。比如说，三岁儿童的识数能力已经不错了，有的能背诵1到20甚至更多，早期智人显然达不到这个水准。

通过以上可知，能人和直立人虽然属于人类，但其实他们与智人相差十万八千里！智能之路是智人选择的一条进化高速路，而抽象意识尤其是语言，就是智人跨上的一辆进化跑车。在高速路上还拥有一辆跑车，其他动物，包括能人和直立人，与智人的差距能不越来越大吗？

---

① 科学界认为，原始人只能理解和使用小的数字，很可能不会超过5，更别说10或者20了。

065 智人出征，不给"别人"留活路

人属从非洲东部出发的征程，一共有两次。第一次是大约200万年前，由猿人种开始的，其影响是非亚欧的适宜生境遍布猿人【054】。第二次出征大约是7万年前，由智人种发起的，其影响直至今日。

智人出征时，体格并未见长，甚至还不如直立人高大强壮。从携带的武器来看，都是石头木棒，直立人和智人都会用火，只能说旗鼓相当。是什么让智人如此厉害，短时间内就消灭了其他所有人属人种，占领了全部适宜生境，甚至消灭了比智人强壮无数倍的长毛象呢？

答案就是智人的全新武器——语言！

东非草原的智人，操着成熟的语言出征了。智人的语言，相比于直立人的简单发声词语，核心变化是增加了抽象能力。这一变化，使得智人的显意识一下子丰富起来，智人就像一下子开了窍。非智人种也有词语，但由于大脑皮质不同，他们抽象能力不足，非智人种只有简单发声词语而无语法（字、词、短句的算法），没能进化出真正的语言。比如，同样是看到鹅，非智人种最多只会说"捉鹅"；但智人却会说"我们绕过鳄鱼去芦苇里捉鹅"。表现在行动上，非智人种难以沟通，可能会一哄而上，要么葬身鳄鱼之腹，要么鹅全给惊飞了；而智人则会有事前的筹划，周密的部署，明确的分工和精准致命的一击。

还有一点，由于拥有语言，智人之间的沟通效率更高，信息量更大，这对群体生活极为有利，因而智人可以组织成不多于150人的群落。相比之下，不管是直立人，还是尼安德特人、丹尼索瓦人，他们很难有这样的群体规模。可以说，**凭着语言的丰富关联，群居智人之间的关联或人际的关系，也丰富起来了；智人不再仅是群居人了，他们演化为组织人、社会人了。**

语言优势和社会组织优势发挥出来之后，智人的战斗力大大加强，动物不是智人的对手，其他"堂兄妹"也不在话下。就这样，出征的智人仅耗时万余年，便从非洲一路杀到东亚，横扫非亚欧三大洲。根据考古研究，智人一路上"烧杀抢掠"，许多草食巨兽如长毛象、肉食猛兽如剑齿虎等纷纷灭绝。智人的所有"堂兄妹"，因为生境被智人完全覆盖，也都遭遇惨烈灭绝，无情的智人不给

"别人"留一点活路。

所以说，我们的直系祖先智人，绝不是什么善茬。我们继承了99%的智人基因，我们是善茬吗？

智人一路上可不只是"烧杀抢掠"，他们还掳掠当地人种交配。基因研究表明，智人至少和尼安德特人、丹尼索瓦人交配过。这导致现代人携带他们小部分基因。欧亚大陆上的现代人，大约有1%—4%的尼安德特人DNA。原始澳大利亚人，带有6%的丹尼索瓦人DNA。大约7万—5万年前，一群智人到达中华大地，这就是广东马坝人、湖北长阳人、山西丁村人、北京山顶洞人，也就是中国人的祖先。

关于智人出征，也有不同的看法。有学者认为，智人其实出征了两次。第一次出征是十万年前，还没到达西亚就铩羽而归，据说是碰到了强壮的直立人，被打回去了。七万年前的第二次出征则摧枯拉朽，如入"无人之境"，聊着天说着话，就占领了包括南北美洲在内的所有宜居大洲。①

还有人类学家认为，智人不只是非洲东部的这一支。尼安德特人，接近智人；丹尼索瓦人，已经是早期智人。只是因为他们竞争失败，被走出非洲的这一支智人消灭了而已。

的确，人的演化并不是线性的，存在"能人—直立人—智人"的进化主线，但并不是后浪推前浪、一环套一环的关系。就好像人演化出来后，猿并没有灭绝，而是存活演化至今。智人诞生之后，非智人种也不是立即就灭绝的。考古证据显示，非洲南部的纳莱迪人和智人共生了很长时间，智人的最后一个"堂兄妹"——东南亚孤岛上的身高不足一米的弗洛勒斯人——是最近1.2万年前才灭绝的。

智人形成之时，直立人已经统治非亚欧三大洲一百多万年。在这漫长的时间里，难道只有东非草原的物质环境能催生出智人，其他物质环境就一定不能催生出智人来吗？

---

① 智人出征的时间和路线大致为：十万年前从非洲东部的诞生地出发，到达北非和西亚；七万年前到达南亚、东南亚和东亚；五万年前到达澳大利亚；四万年前到达中东欧、南欧和西欧；两万五千年前征服北亚、东欧和北欧；一万六千年前，到达美洲。此后，智人还征服了沿海岛屿、大洋孤岛。

我个人倒是认为，作为一个新诞生的物种，非智人种的适宜生境发生了变化。丛林密林已不再是适宜生境，非智人种的适宜生境，依次是草原、草地、灌木丛、稀疏林地、森林边缘和林间开阔地。相比而言，辽阔的草原生境能承载较多的人口，有发生进一步演化的人口数量基础。又由于草原物质环境天然有利于眼睛—视觉、耳朵—听觉的演化，也就是有利于语言的演化，因而生活在草原的非智人种都有机会演化出语言，也就是都有机会进化为智人。这就是**草原造智人说**。比如，生活在中东草地和欧洲草原的尼安德特人，就快要进化为智人了；生活在青藏高原草地和蒙古大草原的丹尼索瓦人，已经进化为早期智人了。只因为相比于温带和寒温带草原，东非热带草原的物质环境更为优渥，物质催发力更强大，非洲东部的这一支智人的跑车更好、跑得更快，所以在智人进化的赛跑中领先，他们更早进化为智人而已。非洲东部智人，是草原竞争的胜利者，是人类中的赢家。

由于现有的考古实物证据、生物基因证据有限，尚不能形成完整的证据链条，因而上述的不管是非洲东部造人说，还是草原造智人说，目前都只能算假说。

066 有趣的问卷调查

从非实物物质到实物物质，从病毒生物到细胞生命，从单细胞生命到多细胞生命，从植物到动物，从低级动物到高级动物再到人；从生命的反映到动物的感觉，从动物的感觉到高级动物的意识，最后到智人的智能，"心智探源之旅"也接近尾声了。现在，来做一个有趣的问卷调查。

能量射线 实物铁 病毒 细菌 植物 单细胞动物 蚯蚓 狗 能人 直立人 智人 现代人

图18　物质、生物与生命"排排坐"

如图18，假设12张小板凳上分别坐着如上的12个物质和生命，从1到12给它们编号。做好了这些，拿出一份调查问卷，开始逐一提问。

第一个问题，谁有静止质量啊？2到12号小伙伴举起了小手，仅有1号被淘汰了。

第二个问题，谁含有碳链啊？3到12号小伙伴举起了小手，1号和2号双双淘汰。

第三个问题，谁是生命呢？4到12号小伙伴果断地举起了小手；3号犹犹豫豫，不知道该不该举手；1号和2号被淘汰。

…………

以此类推，得到这样一张表格。

表4　有趣的调查问卷与调查结果

问题	晋级	淘汰
1. 谁有静止质量？	2. 3. 4. 5. 6. 7. 8. 9. 10. 11. 12	1
2. 谁含有碳链？	3. 4. 5. 6. 7. 8. 9. 10. 11. 12	1. 2
3. 谁有生物？	3. 4. 5. 6. 7. 8. 9. 10. 11. 12	1. 2
4. 谁是生命？	4. 5. 6. 7. 8. 9. 10. 11. 12	1. 2
5. 谁有细胞？	4. 5. 6. 7. 8. 9. 10. 11. 12	1. 2. 3
6. 谁有细胞壁？	4. 5	1. 2. 3. 6. 7. 8. 9. 10. 11. 12
7. 谁有神经细胞？	7. 8. 9. 10. 11. 12	1. 2. 3. 4. 5. 6
8. 谁有感觉？	7. 8. 9. 10. 11. 12	1. 2. 3. 4. 5. 6
9. 谁有完整动物脑？	8. 9. 10. 11. 12	1. 2. 3. 4. 5. 6. 7
10. 谁有意识？	8. 9. 10. 11. 12	1. 2. 3. 4. 5. 6. 7
11. 谁能直立行走，并能制造、使用和携带工具？	9. 10. 11. 12	1. 2. 3. 4. 5. 6. 7. 8
12. 谁有抽象意识？	11. 12	1. 2. 3. 4. 5. 6. 7. 8. 9. 10
13. 谁有语言？	11. 12	1. 2. 3. 4. 5. 6. 7. 8. 9. 10
14. 谁有智能？	11. 12	1. 2. 3. 4. 5. 6. 7. 8. 9. 10
15. 谁有文明？	12	1. 2. 3. 4. 5. 6. 7. 8. 9. 10. 11

当然，还可以继续问下去。例如，谁有细胞核？谁有中枢神经系统？谁有眼耳鼻？谁有头？等等，这些都是生命演化历程中的大事，确实也值得发问。

当问到最后几个问题的时候，你是否意识到，作为现代人的我们，仅仅是宇宙"物质催发大链条"的一小环而已。这个长长的宇宙物质链条，第一环是宇宙能量物质，第二环是宇宙实物物质，第三环是地球物质，第四环是地球有机物质，第五环是地球生物物质，第六环是地球细胞生命物质，第七环是地球神经细胞物质，第八环是地球完整动物脑物质，第九环是非洲东部人脑物质……

如此检视一番，我们会发现：

1号之所以没有坐上2号"小板凳"，因为它可能是从130多亿年前的原初核合成"逃逸"而来。

2号之所以没有坐上3号"小板凳"，是因为它没有经历"原始汤"的"熬煮"。

3号之所以没有成为4号"小板凳"，是因为它没有踏上细胞发展之路。

4号之所以没有成为5号"小板凳"，是因为它没有选择多细胞发展之路。

5号之所以没有成为6号"小板凳"，是因为它有细胞壁。

6号之所以没有成为7号"小板凳"，是因为它没有发展进化出神经细胞。

7号之所以没有成为8号"小板凳"，是因为它没有发展进化出完整脑。

8号之所以没有成为9号"小板凳"，是因为它的完整脑不够发达，不会直立行走，更不会制造、使用和携带工具。

9号、10号之所以没有成为11号"小板凳"，是因为他们的大脑皮质化程度还不够，无法形成语言，还不会说话。

11号之所以没有成为12号"小板凳"，是因为他们没有建立文明。

如此看来，人类不过是宇宙"物质催发大链条"的产物而已，现代人不过有幸抢到了第12号"小板凳"而已。必须清醒地认识到，我们和其他"小板凳"差不多；一定要说差异的话，差异主要在人脑上，特别是大脑皮质上。

而这一点点差异，威力巨大！

本章小结:

高阶心智——智能,是智人脑的高阶意识。智能来源于意识。

智能诞生于智人脑,智能是一种NES物质。

NES这种物质,依托神经细胞给动物带来了感觉,依托完整脑给高级动物带来了意识,更进一步依托智人脑给智人和现代人带来了智能。

第六章　智能活动现象

智人演化出语言之前，人和其他高级动物的显意识都主要来源于具体的感觉信息；智人演化出语言之后，人的显意识的来源除了感觉信息之外，更主要的是来自语言交流的抽象信息。智人选择了智能进化之路并开起了跑车，这使得显意识一下子呈几何级数增长起来，智人就像一下子开了窍。打个比方，七万年前语言给智人带来的显意识"爆炸"，就像现在互联网和手机给我们带来的信息"爆炸"一样。

前面阐述的意识活动现象，比如情感、记忆、学习、经验与技巧、点子、梦等七个意识活动现象，以及潜意识、自我意识、抽象意识等三个意识现象，有的是高级动物都具备的，有的是仅智人具备的。接下来阐述的智能活动现象，则仅为现代人具备。

067　心智分布图

前面说过，意识分为潜意识和显意识。高级动物都有潜意识和显意识，仅智人和现代人具有智能。马上要探讨心智中的智能活动现象了，在此，先说明一下心智分布情况。图19为心智分布图，表明潜意识、显意识以及智能在智人和其他高级动物中的分布情况。

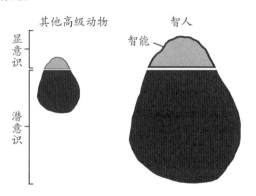

图19　其他高级动物和智人的心智分布对比图

图19表明：1. 从意识量来看，潜意识约占90%，就像海面以下的才是冰山的主体；显意识约占10%，就像海面以上的只是冰山的可见部分。2. 智人的意识量远远多于其他高级动物，这是智人获取意识量的方式决定的。3. 智人和现代人，还具有智能，智能属于显意识。

宽泛来看，显意识和心智，几乎就是同一个概念。它们包含了人和其他高级动物的意识，还包含了我们的智能。

单就人的心智来看，我们心智之中的抽象意识和智能，也几乎是同一个意思，它们都是在描述仅为智人所具有的一种高阶心智。智人之外的人属人种，几乎都不具有抽象意识或者智能，其他动物更是100%不具有。如果一定要细抠这两个概念的细微差别，只能说，抽象意识孕育了智能，智能包含于抽象意识。或者说，抽象意识的外延，略大于智能的外延。能人和直立人有可能萌生了一点点抽象意识，肯定不会多；智人的抽象意识较为丰富，并在此基础上发展出了智能；只有我们现代人，抽象意识和智能都极为丰富、最为发达。

068　智能之一：文字（1）

接下来开始探讨，仅为现代人具有的智能的心智活动现象。

要探讨的第一个智能现象，就是文字。文字是高度抽象的产物，是人类驾驭智能生产出来的产品，是智能的典型，任何其他动物都不可能具有一丁点儿的文字，能人和直立人也是。因而，在接下来的有关智能的章节里，将不可能再看见其他动物，或智人以外的人属人种出场了。在智能的舞台上，所有其他动物以及非智人种的人，早早地就谢幕了，它们不可能跟上智人的跑车，它们已经远远地落在后面啦。

在广阔的智能舞台上，一幕幕大戏即将上演，但都是独角戏，因为仅有一个演员，那就是我们！

前面探讨的内容，时间单位动不动就是千万年，甚至亿万年。现在开始探讨的智能内容，以文字的出现为代表，时间单位已经缩小到千年了，可以算是最近的事情了。

智人是如何创造出文字的呢？这还得去智人生活的物质环境里寻求答案。

智人诞生之后，理所当然地过着采集和游猎的生活。他们聚集成一个个群落，跟踪动物的足迹，或者根据果实和种子成熟的季节，往返迁徙，游荡在草原之上、灌木丛间和密林边缘（哪怕是已经演化到智人阶段了，人类仍不敢贸然深入丛林密林）。游猎和采集生活方式有个特点，就是每天所得基本都消耗光了，不可能有什么剩余，因而此时智人没有私有物，也没有私有意识。说直白一点，就是他们没有什么值钱的东西值得"立字为据"的。例如，提起现代化之前的游猎民族，人们往往会联想到私有物很少、私有意识淡薄、无私好客和以私为耻等直观印象；游猎民族说话直来直去、一言九鼎，他们重视口头承诺，不喜文书，认为签字画押"太见外了"。这些印象和习俗表明，如果智人仅仅停留在游猎和采集生产阶段，是不需要文字的，因而文字也没必要诞生。

大部分人类学家认同，现代人形成于一万年前。那么很显然，这一万年间，采集和游猎生产方式占据着前面的四千年，这四千年是不可能产生文字的。转机发生在这四千年之后，即公元前三千多年，也就是距今五千多年前。

考古证据表明，最早的文字是苏美尔楔形文字。为什么文字最早出现在苏美尔，那也是有物质原因的。

原来，随着工具的改进，智人的生活方式发生了分化。一部分智人继续过着游猎生活，这就是游牧民族的祖先；一部分智人在温暖肥沃的灌溉平原，开拓出半定居或定居的农耕生活，这就是农业民族的祖先。《圣经》里"亚伯畜养牲畜，该隐则在泥地里耕种"，就是对早期人类生活方式分化现象的记载。

物质条件最适宜发展早期农业的四大平原，分别是美索不达米亚平原、尼罗河平原、印度河平原、黄河中下游平原。相比而言，美索不达米亚平原，显然条件更为优越。美索不达米亚平原发育在沙漠中，植被稀疏，毒虫猛兽相对较少，有利于早期智人定居存活；相比之下，黄河中下游平原就恶劣多了。美索不达米亚平原主要大河有两条，交替泄洪，有利于原始灌溉；尼罗河平原和黄河中下游平原泛滥猛烈，对于生产工具非常原始的定居智人来说，这个考验过于严峻，有点招架不住。对生活在黄河中下游平原的智人而言，洪水和猛兽是最主要的威胁，因而中国很早就有将"洪水"和"猛兽"连在一起的说法，并诞生了洪水猛兽这个成语。

除此之外，美索不达米亚平原气候温暖，日照充足，有利于农作物生长，同时，温暖的气候还可以减少织物需求和食物消耗；显然黄河中下游平原、印度河平原，就比之不足。还有，与泥质冲积平原的板结土壤不同，美索不达米亚平原是沙质土壤，肥沃疏松，即使只有原始农具也能实现翻耕点种等作业，而且收成稳定。

这些有利的物质条件，催发智人最早在两河流域尝试农业生产，最早驯化了小麦和家畜，最早过上定居生活，并形成了最早的城镇。两河流域南部的苏美尔，是美索不达米亚平原肥美土地上的明珠，那里农业更为发达，定居的智人更多。据考证，公元前3000年，两河流域的城镇，平均有上千人的聚居规模，大的城镇如苏美尔，聚居人数过万。

农业生产有显著的季节性，在收获季节苏美尔农夫的获取物出现过剩，私有物和私有财产开始出现，私有意识也慢慢形成了。随着城镇的出现，自然而然地出现了社会分工，大部分人是农民、渔夫、牧人和猎户，其次是缝制、陶艺、冶炼、酿酒、烤面包、砖石制作等各种手艺工匠，保镖和战士也应需而生，商贩也出现了。最重要的是，社会分工导致贫富分化，财富向少数人集中，一些城镇管理者和富人，拥有大量财物，富甲一方。因为城镇管理和富人的需要，苏美尔人的社会里出现了几乎不从事体力劳作的"职业人"——制定规则、收集和记录数据的人。

这些人，是最早的脑力劳动者。这些苏美尔聪明人，大脑发达，抽象能力强，在繁杂的日常工作中，为了有助于记忆或者留下点痕迹证据，他们自然而然地在泥板上画下了一些抽象的图画和记号。这些图画和记号，最早都是用来计数算账的，目的是记载上级或雇主的财富，以及收入支出、交易税收等。说这些人自然而然地画下图画和记号，那是客气；实际上，他们是不得已而为之的。因为城镇人口交往频繁，经营和管理数据的信息量大，往来账目因日积月累而盈千累万，仅靠一个聪明的脑瓜或一条打结记事的绳子，显然记不住这么多高价值信息。因此，将容易忘记的、口头的、冗长的非实物信息，转化为便于记忆留痕的、书面的、简要的实物记录，完全是职业需要使然。还可以看出，这些聪明人的职业实际上就是会计。很显然，财物对早期人类来说是异常宝贵的，为了财富而雇佣会计，为了财富而"立字为据"都是值得的，哪怕为此要辛苦制作好多块厚重的泥板也是值得的。就这样，文字诞生了！

所以开玩笑地讲，是会计创造了文字，是会计发明了文字①。文字真的是发明出来的。最早发明的单字是数字，考古发掘的古老泥板也证明了这一点。由于签订合同和签名画押的需要，表示姓名和财物的单字也慢慢发明出来了。

我们的重点不是研究文字，而是说明文字是智能活动的结果，现在回到正题。很显然，语言是文字产生的基础，但有了语言不一定就有文字。可以说，语言是智人生活的必选项，但文字并不是必选项。很多民族和部落有语言，但没有文字。定居民族最先创造了文字，游牧民族一般较晚才有文字。文字考古研究表明，独立的文字体系有苏美尔楔形文字、中国汉字、中美洲玛雅文字，还有学者认为古埃及象形文字也是独立发展的文字体系，这四大文字体系都是农业定居民族创造的。其他文字，全部或部分，都发源于这四个文字体系。例如，腓尼基文字就借鉴了苏美尔文字；古印度文字，间接受到了苏美尔文字的影响；日文和韩文，无疑都借鉴了中国汉字。

069 智能之一：文字（2）

人类创造文字的心智过程，大致如下。观察这个过程，也能感受到造字的聪明人的神经算法。

第一步是图画抽象化。例如，早期苏美尔会计从三头牛、三条鱼、三颗椰枣、三个奴隶这些信息中，抽象出"三"的意思，他们的人脑发出NES，他们的手按其指令行事就会在泥板上画出"𝀱𝀱𝀱"字。同样地，中国古代会计仓颉②从三头牛、三条鱼、三颗红枣、三个奴隶中，抽象出"三"的意思，仓颉的人脑发出NES，他的手按其指令行事就会在甲骨上刻出"☰"字。

---

① 有些文化学者认为文字是巫师发明的。从职业需要和考古证据来看，这一观点明显不妥。首先，原始部落就有巫师，巫师这个职业很早就有了，部落没有文字或巫师不懂文字，对巫师从业、施展巫术没有影响。如巫婆、神汉、萨满、马脚、半仙等，很多都是不识字的。但会计就不一样了，会计出现得没那么早，是私有财产出现后才慢慢出现会计的；还有，不识数或不识字显然无法当会计。其次，现有考古证据表明，最早的文字记录，其内容是账簿信息。

② 民间传说仓颉在黄帝手下工作，专门管理圈里牲口的数目、仓里粮食的多少，从工作性质来看确实就是会计。

除了数字，他们紧接着还创造了表示财物的其他象形单字。例如，早期苏美尔会计从一条鱼、两条鱼、十条鱼这些信息中，抽象出"鱼"这个意思，他们的人脑发出NES，他们的手按其指令行事就会在泥板上画出"𓆛"字。同样地，仓颉从一条鱼、两条鱼、十条鱼中，抽象出"鱼"的意思，仓颉的人脑发出NES，他的手按其指令行事就会在甲骨上刻出"𩵋"字。简单的象形数字和象形单字，就这样被抽象发明出来了。

第二步是表意抽象化。创造"三"字和"鱼"字，看起来似乎并不难，但是这些聪明人很快就碰到了难题。比如，"百"怎么办？"万"怎么办？总不能画上一百条、一万条道道儿吧，如果这样，那不仅是不够智能的问题，简直就是愚蠢嘛，拥有智能跑车的人类显然不会这么干。还有，一些没有形状的事物怎么办呢？比如冷、热、明、暗等，你无法画出"明"的形状吧，即使画出来了，也很容易引起误解，这显然背离了创造文字的初衷——准确记录意识。

这些困难，难不倒人类中的聪明人。不愧为脑力劳动者，他们继续调动抽象意识，发挥智能优势，找到了解决方案——用更高阶的抽象来解决问题：在图画抽象化基础上的表意抽象化。例如，仓颉在图画抽象化创造出"☉"字和"☽"字后，他进一步抽象，意识到有日有月的时候就会明亮，仓颉的人脑发出将日和月关联在一起表示"明"的NES，他的手按其指令行事就会在甲骨上刻出"☉☽"字。就这样，更加复杂的单字，也被抽象发明出来了。

最后一步就是符号抽象化。如上，解决了"三"字、"鱼"字和"明"字之后，人们发现语言文字化的道路上还有一个拦路虎，那就是单字数量过多带来的难记、难读、难写的实际困难。如果给每个音节都创造一个新字，每个新字都是一个全新的图形，那么将会有几千个甚至上万个图形，这显然不是个优秀的方案，拥有智能跑车的人类是不会这么干的。

聪明人继续调动抽象意识，发挥智能优势，又找到了解决方案——用更高阶的抽象来解决问题：在图画抽象化、表意抽象化基础上的符号抽象化。例如，造字的圣贤们在图画抽象化和表意抽象化创造出的单字的基础上，进一步抽象，将这些已有的单字符号化，用于创造新的单字。如将"☉"字符号化为日字旁，用于春、早、晚、晶等130多个关联字。中国人熟悉的偏旁部首，就是符号抽象化的产物。如此抽象处理的好处，是显而易见的：减少了新字外观的变化，使很多新字看起来就像已经认识了一样。俗话说"秀才认字认半边"，就是这个道理。各位秀才，从这个"竟"符号图片里，看看你能找到多少个汉字，顺便也感受一下古人造字的算法。

当然，相信大家已经注意到了，那就是经过符号抽象化处理之后，文字图形过多的问题看似得到了部分解决，但"难记、难读、难写"的问题并没有得到根本解决。要解决这个问题，方案之一就是向符号抽象化的高阶层级，也就是字母化的方向继续前进。地中海东岸的城邦腓尼基，首先开始了探索。腓尼基人是早期航海家，也是著名的商人。他们因往来经商需要，经常要书写商业信函和经营记录（说来说去还是会计的工作），用象形文字来书写显然十分麻烦——要这些整日奔波、唯利是图的商人记住这几百个文字图形和数百个读音，还要准确地书写出来，实在是勉为其难。这些麻烦，难不倒腓尼基人中的聪明人，他们继续调动抽象意识，发挥智能优势，找到了解决方案：将符号进一步抽象字母化。公元前1200年，腓尼基人设计了第一个字母表。为什么用"设计"这个词呢？因为字母表确实是腓尼基人中的聪明人设计的，完全是聪明人脑高度抽象化的人为的产物。

回顾文字一路走来的历史，肯定也能感受到文字不是自然物，而是人脑意识高度抽象化的产物，是智能的结晶。腓尼基字母表用十来个基本图形——字母，取代象形文字的数百个文字图形，拼成单字时，只需用这十来个字母反复关联组合就行了。字母，就是文字之母的意思，十分传神。腓尼基字母一问世，就因为"易记、易认、易写"而流行开来，后来的阿拉米文、波斯文、希伯来文、阿拉伯文，以及公元前800年的希腊文，都是在借鉴和改造腓尼基字母表的基础上形成的。字母表带来文字拼音化，拼音文字从希腊开始，最终传遍了整个西方世界。

070　智能之一：文字（3）

文字不是自然物，而是人脑的产物，是聪明人的发明创造物。那么，第一个问题，我现在可以发明文字吗？答案是：完全可以。

发明创造文字，人脑心智要经历的抽象过程是：图画化—表意化—符号化（含字母化）。只要足够智能，经历这三步，你就能发明文字。历史上，就有很多人这么干过。

日语很早就有了，但日文出现得比较晚。10世纪左右，日本人中的聪明人，据说是遣唐使空海等人，利用汉字的草书和偏旁，创造了日本式字母——平假名和片假名，从而逐渐形成了汉字与假名相结合的文字，并沿用至今。

韩语是朝鲜半岛的原生语言，历史上有语言没文字，和日语一样都曾用汉字标记。1443年，朝鲜聪明人李祹创造出韩文字母，这就是现在的韩文。

考察蒙古文字的历史，那简直就是一部被聪明人创造来、创造去的历史。史载，1204年成吉思汗征服乃蛮人后，命令俘虏的回鹘聪明人塔塔统阿（据考，塔塔统阿"掌金印及钱谷"，职业又是会计）创制蒙古文字，此时的蒙古文字采用回鹘字母拼写。1269年，忽必烈委托国师、藏族聪明人八思巴，另行创制蒙古新字，即八思巴文。1945年，蒙古人民共和国，转用以拜占庭聪明人西里尔创制的西里尔字母为基础的拼音文字，俗称新蒙文。2020年，由76个聪明人议员组成的蒙古国议会颁布法律，要求2025年起，全面恢复使用回鹘蒙古文。

所以，你确实可以发明创造文字，但关键是有没有足够多的人愿意使用。例如，1887年，犹太聪明人柴门霍夫博士，为消除国际交往障碍，让全世界人民像兄弟姐妹一样和睦共处，他发明了一种语言和文字——世界语。世界语（含文字）语法严谨、音调优美、表现力丰富，优点一大堆，唯一的缺点就是没多少人使用。再例如，焱暒妏（火星文）就是年轻网民集体发明创造的小众文字。还有，网络也一直在创造新字新词。

第二个问题，经历了图画化—表意化—符号化（含字母化）之后，接下来，文字将怎么发展？

符号抽象化的高阶层级是字母化，再高一个层级就是代码化。

文字代码化，其实也很好理解。比如，间谍使用的"文字"就是代码，电报的"文字"就是代码，电脑、手机等电子产品的"文字"也是代码。代码化是目前为止，文字演化方向上的最高层级的抽象。代码是人类中的聪明人，如间谍、发明家、"程序猿"等创造的。间谍、发明家、"程序猿"，是名副其实的脑力劳动者，他们继续调动抽象意识，发挥智能优势，在字母抽象化的基础上，用为数不多的数字，甚至仅用0、1两个数字来关联字母表。0和1两个代码，就代表了一切，这确实是迄今为止最高程度的抽象。

电子产品广告，经常使用一连串的01作为传播背景，它在向消费者传递什么信息呢？它想传递的是：我的产品是顶尖聪明人设计出来的，是高科技的东西，快来买吧！

前面提到的ASCII码就是一种代码，它是美国信息交换的标准代码。同样地，你也可以发明代码，问题的关键依然是，有没有足够多的人愿意使用。

最后，对比一下。汉字的偏旁部首，是抽象的结晶；拉丁字母，是另一种抽象的结晶；只有0和1两个数字的代码，是抽象程度最高的结晶。再回顾一下，从动物发声沟通提升到人类语言沟通，是一步巨大的抽象；从语言提升到文字，又是一步巨大的抽象；从象形文字到拼音文字，从拼音文字到代码文字，则是巨大抽象中的两次版本升级。未来会不会出现生化智能文字，可以直接书写到人脑中去，电脑和人脑可以互相读写呢？在第九章心智的未来，将做探讨。

总之，先有语言，后有文字，语言有70000年以上的历史，而文字只有5000年的历史。所以，语言和文字并不完全"相等"。有语言无文字的现象，曾经大范围、长时间存在过。语言相同或相近，但文字不一样的现象，也不鲜见。比如两个人相谈甚欢却不认识对方的文字，中国境内蒙古族人能和蒙古国蒙古族人进行语言交流，但他们的文字就不一样，"欧洲火药桶"巴尔干半岛此类现象更多。有些发音词汇，尤其是土话方言，至今也没有与之对应的文字。新的语言和文字，还在不断被发明创造出来。

不管怎么说，文字是在抽象的语言之基础上抽象产生的，可以说文字是语言的再抽象。语言已经很抽象了，而文字则更为抽象。前面说语言是抽象之物，是智人硬生生虚构出来的【058】，不知道有多少读者认同，估摸着应该有1/3弱吧。这里接着说文字是现代人虚构出来的，估计认同的读者会多一点，少说也有2/3强吧。前面曾经拿阿亚帕涅科语做实验，验证了语言的抽象；现在也可以拿你不认识的文字做实验，来验证文字的抽象；即使是认识的文字，比如某个汉字，盯着它多看几分钟，你也会疑惑"它咋就能表达这个字义呢"。

由于只有智人具有抽象意识，因而语言和文字只能为智人所用。语言和文字，是智能外化而来的两个工具。语言和文字，对智人之外的生命毫无意义。对树说话，说了也是白说；让狗看书，看了也是白看。

意识是物质的，语言来源于意识，文字也来源于意识，语言文字当然也是物质的。文字是社会物质经济生活发展到一定阶段的产物，文字是由少数聪明人高度抽象的意识活动，也就是高度智能的心智活动创造出来的，是这些人人脑产生的NES的固化。文字本身就是NES物质，具有某种NES就会使用某种文字，此时，按照人脑输出的这种NES的动力学指令行事时，就能张嘴读出或用笔写出这种文字。

071　抽象意识的层级

从文字产生的过程还可以看出，抽象意识是有层级的（如图20）。抽象意识的层级，也可以看作是智能和智力的层级，或者算法和算力的层级。

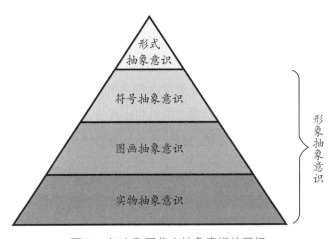

图20　智人和现代人抽象意识的层级

智人最先发展起来的显然是实物抽象意识，紧接着是图画抽象意识，再上一个台阶是符号抽象意识，最后发展至形式抽象意识。实物抽象的关联对象是实物；图画抽象的关联对象是图画；符号抽象的关联对象是符号，它们都是基于形象关联的形象抽象。智人已经具备了形象抽象意识，而现代人则更进一步，还发展出了脱离形象关联的、以形式为关联对象的形式抽象意识，也就是最高阶的纯粹抽象意识。

对我们来说，习得形象抽象意识难度较小，普通人都可以做到；而习得形式抽象意识难度较大，需要付出很多努力，并不是人人都可以做得好的。所以，对那些从事形式抽象工作、形式抽象能力超强的人，如数学家、哲学家、系统架构师、人工智能工程师等，人们通常认定他们有个聪明的脑瓜，膜拜的同时也自叹弗如。

下面以分果果为例，来说明抽象意识的层级。假设采集到一筐果果，需要分配。

人之外的高级动物，包括猿类，没有抽象意识，它们偶尔会递交、互换果果，但终其一生它们都不会分配果果。

能人和直立人分果果，必须要有真实的、具体的果果摆在面前。即使他们偶尔有分配实物果果的行为动作，他们也不可能形成抽象的"分配方法和规则"。

早期智人已经具有抽象意识，他们除了会分真实具体的果果，还会分虚拟抽象的果果。比如，为避免来回倒腾弄坏了宝贵的果果，他们会把那筐果果放在一边，而以小石子关联代替果果进行分配。小石子与果果外形相似，这个提炼概括过程就是实物抽象，其心智结晶就是实物抽象意识。

紧接着，智人不仅会实物化地分果果，还会图画化地分果果。比如，他们把那筐果果放在一边，也不去寻找形状像果果的小石子，而是捡起一根小树棍在地上画一画，就能分好果果。树棍画一画，这个提炼概括过程就是图画抽象，其心智结晶就是图画抽象意识。

后期智人的抽象意识发展加快，几乎与现代人一样了。此时，他们不仅会实物化、图画化地分果果，还会符号化地分果果。比如，他们把那筐果果放在一边，既不要小石子也不要小树棍，而是伸出几根手指头比画比画，就能分好果果。他们的每一根手指头，代表的可不一定都是一，有的指头代表五，有的指头代表十。比画比画，这个提炼概括过程就是符号抽象，其心智结晶又上了一个台阶，形成了符号抽象意识。

现代人的抽象意识高度发达，进一步发展出了形式抽象意识。

此时，我们不仅会形象抽象化地分果果，还会形式抽象化地分果果。我们不要小石子、不要小树棍，连手指头也不用伸出来，甚至是果果也不用，我们在纯粹虚拟的世界里就能分好纯粹虚拟的果果。比如，考生在考场上，解分果果的考题。又比如，为年终奖分配而吵嚷的董事会上，董事长一锤定音："按人头分。"与会者秒懂，根本不需要小石子、小树棍、手指头和现金。考生运用数学公式、董事长运用俚语"按人头分（按人数均分）"，脱离形象地形式化地公式化地分果果，这些提炼概括过程都属于形式抽象，其心智结晶就是最高阶的形式抽象意识。可以看出，所有的理论、学说、思想，都属于最高阶的形式抽象意识。

至此，还可以顺便回答"古代四大独立的文字体系，其最初文字形式为什么都是象形文字"这类问题。因为早期先民，形象抽象意识较为发达而形式抽象意识还不够发达，即使是他们中的顶尖的聪明人会计，也只能从图画抽象出发创造象形文字，而不可能一步登天创造出更高阶的文字形式来。

文字的抽象层级，有从低阶到高阶的发展过程；个人抽象意识的发展，也有这个过程规律。例如，1—3岁的幼儿，从真实具体的人和物，如爸妈、食物、拨浪鼓、玩具车中，萌发实物抽象意识；3—6岁的儿童，转向从漫画、卡通片、看图识字卡中，发展图画抽象意识；6—14岁的学童，开始从文字阅读、算术数学中，提炼符号抽象意识；14岁或更早，就能从理论书籍、论文论著中，甚至仅从纯粹思考之中，概括发展形式抽象意识。平时所说的神童，即早慧儿童，就是指这一过程被大幅度压缩，早早就具备了高阶抽象意识的孩子。比如，同样是3岁小孩，我还在通过玩水、滑冰、烧开水等实物方式认识水；而你却能通过H_2O等符号形式研究水，你就是神童。

诺贝尔奖得主、物理学家费曼的抽象意识，无疑是高度发达的。图21是他的一页手稿。从中可以看出费曼的抽象意识层级：既有形象抽象，例如图画、符号；也有形式抽象，例如公式、演算等。

图21　费曼手稿

072 智能之二：文学

在心智进化的高速路上，只有智人开上了跑车。智人的进化选择，使得我们的生命运动方式严重依赖于心智活动。自此以后，凡是有利于心智活动的，智人就快速地发展进化之。比如语言、文字，以及接下来要探讨的文学、宗教、科学、人工智能等。

语言和文字，可以比作是这辆智能跑车的轮毂。语言和文字，对人类为什么如此重要呢？那是因为语言和文字都有表达意识、传递意识、记载意识的功能。人和人的交谈、教师对学生的授课、政客对选民的演讲，都是在利用语言表达意识和传递意识。文字不仅能表达和传递意识，还可以记载意识。现代录音录像技术，更是能低成本高质量地记载意识。语言使得我们可以从口头上，习得他人的意识；文字使得我们可以从书本等印刷品上，习得所有人，包括古人的意识。我们获取意识的来源一下子成千倍成万倍地扩张，获得的意识量一下子呈几何级数暴涨起来。前文说，语言带来心智"爆炸"；这里得说，文字带来了心智的"核爆炸"。

人类高度依赖于心智，因而也高度依赖于语言和文字。

人类利用语言和文字，对意识进行整理加工的产品之一，就是文学。

在文字诞生之前，文学创作不如说是文学唱作，主要形式是吟唱、讲唱、说唱和传唱。为什么都要唱呢？那是因为在没有文字的情况下，要想他人接受你的意识，要想提高意识传递的效率，说出的话就一定要言简意赅、朗朗上口；如果要传递的是长篇巨著，最好还要韵律悠扬、便于记诵。武侠小说大家金庸在《射雕英雄传》中，就以诙谐的笔调描写了成吉思汗崛起之初蒙古人用歌唱来表达重要决定的故事情节。那时蒙古族还没有文字，歌唱是最正式的表达方式。摘录如下。

（哲别感念铁木真不杀之恩，愿意归降）蒙古人表达心情，多喜唱歌。哲别拜伏在地，大声唱了起来："大汗饶我一命，以后赴汤蹈火，我也愿意。横断黑水，粉碎岩石，扶保大汗。征讨外敌，挖取人心！叫我到哪里，我就到哪里。为大汗冲锋陷阵，奔驰万里，日夜不停！"

　　说唱文学，依赖于一代一代人的口口相传，社会稍有变故就会导致失传，因而流传下来的作品并不多。也正因为这样，能流传下来的也必然是精品。《荷马史诗》，就是口口相传流传下来的，相传来源于古希腊民间的短歌。《诗经》的主体部分"风"，就是早期华夏各民族的民歌，"雅"和"颂"也是可以传唱的曲乐。现在，人们已经完全不知道如何歌唱《荷马史诗》和《诗经》了，但却仍能歌唱《格萨尔王传》。《格萨尔王传》是中国藏民族的英雄史诗，是现存唯一的活的传唱文学巨著，至今仍有上百位民间艺人能够表演歌唱《格萨尔王传》。

　　文字诞生之后，文学创作的主体形式演变为写作。随着录音、录像技术的出现，文学创作形式进一步向音频化、视频化的方向发展。可以看出，不论是口头唱作、笔墨写作，还是音像制作，文学传递着创作者的意识，是创作者意识固化的呈现。用书面语来说，文学就是以语言、文字、音视频等为载体的意识呈现。

　　正是因为文学来源于意识，文学就是意识的呈现，所以有文学家直接认定"文学就是意识流"——创作者人脑的意识流淌而出就是文学。意识流，侧重呈现人物的意识流动，后来演变为一种创作手法。这一手法诞生于19世纪初，绵延至今，影响了很多作家、导演和艺术家。以意识流手法创作的小说、电影等艺术作品，往往可以从多个侧面、多个角度解读，寓意（请注意这个意字，就是意识的意思）深远，颇耐玩味。兹录意识流小说名作《追忆似水年华》片段如下，以资鉴赏。

　　这一年的元旦对我十分痛苦。当你不幸时，无论是有意义的日子还是纪念日，一切都会令你痛苦。然而，如果你失去了亲爱者，那么，痛苦仅仅来源于强烈的今昔对比，而我的痛苦则不然，它夹杂着未表明的希望：希尔贝特其实只盼着我主动和解，见我没有采取主动，她便利用元旦给我写信："到底是怎么回事？我爱上你了，你来吧，我们可以开诚布公地谈谈，见不到你我简直无法生活。"从旧年的岁末起，我就认为这样一封信完全可能，也许并非如此，但是我对它的渴望和需要足以使我认为它完全可能。士兵在被打死以前，小偷在被抓获以前，或者一般来说，人在死前，都相信自己还有一段可以无限延长的时间，它好比是护身符，使个人——有时是民族——避免对危险的恐惧（而并非避免危险），实际上使他们不相信确实存在危险，因此，在某些情况下，他们不需要勇气便能面对危险。这同一类型的毫无根据的信念支持着恋人，使他寄希望于和解，寄希望于来信。其实，只要我不再盼望信，我就不会再等待了。尽管你知道你还爱着的女人对你无动于衷，你却仍然赋予她一系列想法——即使是冷淡的想法——赋予她表达这些想法的意图，赋予她复杂的内心生活（你在她的内心中时时引起反感，但时时引起注意）。对希尔贝特在元旦这一天的感觉，我在后来几年的元旦日都有切身体会，那时，我根本不理睬她对我是专注还是沉默，是热情还是冷淡，我不会想，甚至不可能想到去寻求对我不复存在的问题的答案。我们恋爱时，爱情如此庞大以致我们自己容纳不了，它向被爱者辐射，触及她的表层，被截阻，被迫返回到起点，我们本人感情的这种回弹被我们误认为对方的感情，回弹比发射更令我们着迷，因为我们看不出这爱情来自我们本人。

从上可以看出，文学来源于意识，意识是物质的，文学当然也是物质的。文学是由聪明文人高度抽象的心智活动，也就是高度智能的心智活动创造出来的，是这些人人脑产生的NES的固化。创作者将NES"注入"文学作品，文学作品承载着创作者的NES，作品本身就是创作者输出的NES。

受众欣赏文学作品的过程，是这样的：第一步，通过阅读、观看等，受众的人脑接收创作者"注入"的已经固化在作品里的NES；第二步，受众的人脑加工整理这些信号，输出新的NES；第三步，受众按照新信号的动力学指令行事时，表现在行为上，就在欣赏、理解作品。

进一步地，当受众的人脑输出的新的信号，与创作者创作时"注入"作品之中的NES一致时，我们就说创作者意识与受众意识之间产生了共鸣。当受众输出的信号，与创作者"注入"作品之中的NES差异很大时，要么是因为创作者意识过高，要么是因为受众意识过低——创作者在对牛弹琴。

前面说语言是抽象之物，是智人虚构出来的【058】，赞同的读者也许不到1/3。后来说文字是抽象之物，是现代人虚构出来的，估计认同的读者有

2/3【070】。现在说文学是在抽象的语言和抽象的文字之基础上，由古往今来的聪明文人虚构出来的，认同的人应该接近3/3了吧。

文学属于智能，是典型地来虚的，编故事。其他动物都不具备智能，它们都不会来虚的，都不会虚构，都不会抽象，都不会编故事。只有智人具备智能，会来虚的，会虚构，会抽象，会编故事。因而也只有智人，能理解或相信虚的、虚构、抽象、故事[①]。因而现在探讨的和即将探讨的智能的内容，对其他所有的动物来说，都是毫无意义的。如果一个人不具备某种心智，那么这种心智对这个人而言，也是毫无意义的。比如，对刚出生的婴儿而言，所有的智能内容都是毫无意义的。对完全不懂数学的人而言，微积分的意识内容是毫无意义的。但如果这个人后天习得了抽象的数学意识，那么微积分的意识内容对他来说，就变得十分重要了。艺术也一样，对完全没有艺术气息的人而言，艺术就显得毫无意义，这样说虽然不太礼貌，但话糙理不糙。

073 智能之三：艺术

虽然无法考证，但智人最早开展的艺术形式，很可能是与身体有关的语言艺术（唱歌）或舞蹈艺术（跳舞）。因为相较于其他艺术形式，这两种艺术形式的门槛对智人来说，刚好够得着。早期智人祖先除了身体确实身无长物，他们用身体搞原始艺术创作，实属情有可原。时至今日，少数艺术工作者，仍热衷"用身体创作"，则未免有点艺术"返祖"，让一些人欣赏不来。

语言艺术和舞蹈艺术，难以保存。有幸保存下来的、最早的艺术形式，则是绘画艺术和装饰艺术。如洞窟绘画艺术、祭坛装饰艺术等。

智人为什么要开展艺术创作呢？这要从心智本身去寻找答案。

心智的优势是提升了生命的动力学性能，心智还可以表达、传递和记载，从

---

① 关于虚构和故事，以色列历史学家赫拉利认为，人类之所以成为地球的主宰，秘诀在于，人类能创造并且相信某些"虚构的故事"。他举例说："如果一只大猩猩对另一只大猩猩说，你把这根香蕉给我，死后就会进入猩猩天堂，那里有吃不完的香蕉。""大猩猩不会相信这样的故事。只有人类才会有这种想象力，才会相信这样的故事，并因此修建了大教堂，修建了清真寺，数以百万计的人共同崇拜某一个上帝或者真主。"

而促进群体内的其他个体获得心智。说直白一点，心智不仅能为我所用，还能分享出去为他/它所用。艺术，是最好的表达、传递、记载心智的形式之一。人类很早就发现了这一点，因而人类很早就开始了艺术创作。

以绘画艺术为例。在自然界，可以观察到很多高级动物似乎会"画画"。比如，园丁鸟号称"鸟中建筑师"，它能布置出五颜六色的鸟巢，俯视确实是一幅很有美感的彩色"画"。猩猩会用手指或木棍，在地上画道道儿，只是我们不知道它画的是什么而已。人类的能人种和直立人种，肯定也会画道道儿，只是年代久远，未能保存下来，或者有幸保存下来了但还未发现证实。已知最早的智人绘画艺术，就是画道道儿。在南非海岸角布隆伯斯洞窟，考古发现了一片赭石，上面刻画着几何图案。还发掘出一只鲍鱼壳，打磨痕迹明显，壳底残存着人造颜料。据测定，这些图案和颜料，大约有73000年的历史。

高级动物的涂鸦，表达、传递、记载着它们的初阶心智。当人在涂鸦的时候，如果继续调动抽象意识，发挥智能优势，在图画抽象化的基础上，进一步叠加表意抽象化、符号抽象化、形式抽象化，那么我们就不仅仅是在涂鸦，而是在创作艺术——绘画了。与文字的产生类似，绘画艺术就是这样产生的。

同样地，其他艺术形式也是这样产生的。文学艺术，是对语言文字再抽象化的结晶。戏剧艺术和电影艺术，是对文学再抽象化的结晶。绘画艺术，是对线条、色块、图画再抽象化的结晶。音乐艺术，是对声波、韵律、节奏再抽象化的结晶。舞蹈艺术，是对形体语言、肢体语言再抽象化的结晶。雕塑艺术和建筑艺术，则是对实物形态再抽象化的结晶。

人类高度依赖心智，因而对表达、传递、记载心智的形式之一——艺术，也格外重视。动物没有任何艺术活动，人类的艺术活动却极其丰富。

总之，艺术来源于意识，意识是物质的，艺术当然也是物质的。艺术是艺术家抽象和再抽象活动的结晶，是艺术家创作的产物。艺术传递着艺术家的抽象意识，是艺术家抽象意识固化的呈现，是艺术家人脑产生的NES的固化。

074　智能之四：数学

谈到数学的时候，相信所有人都会众口一词：那确实是抽象！

是的，数学是形式抽象无疑。数学，是研究数量、结构、变化、空间以及信息等概念的一门学科。请注意数学研究的是抽象概念，而不是具体实物。智人是怎么创造数学的呢？

数学来源于意识，最初来源于心智活动中计数的实际需要。早期苏美尔会计率先发明了数字，此时的数字还停留在图画抽象化的阶段，就像汉字"一"象形地表示1，"二"象形地表示2，"三"象形地表示3一样。苏美尔数字传到古印度之后，古印度的聪明人继续调动抽象意识，发挥智能优势，在苏美尔象形数字的基础上，进一步符号抽象化，于公元前500年左右，创造了最早的数字符号，这就是阿拉伯数字的前身。

古印度人的贡献，可不只是发明了原始阿拉伯数字符号。他们还首创了十进制系统。他们还抽象也即虚构出一个数字0，并硬生生地规定：0乘任何数得0，加任何数不变。他们还发明了负数，用来抽象地表示债务。最重要的是，他们使用符号来抽象地表示未知数，这就是代数。零、负数、代数，这是纯粹的抽象，自然界是不存在具体的零、具体的负数、具体的代数的。试想一下，让幼儿园的孩子去理解零、去理解负数、去理解代数是多么困难，原因就是孩子的抽象意识还不够发达，理解不了如此的抽象。此时，我们应该也能感受到，古印度聪明人的抽象能力该是有多强。

数字符号化、代数代码化是伟大的进步，它克服了数字与现实物体之间的日常关系，使得人们能够脱离现实，只用纯粹的数字或代数来开展形式化的演算，也就是前述的形式抽象。如果还不太明白，那你只要想一想如果仅用中文数字，依据中国古代的十二进制或十六进制，你该怎么着手演算一道算术题就明白了。中文数字之所以演算困难，就因为中文数字还不够抽象。正是看到了古印度数学的伟大成就，《思维简史》作者蒙洛迪诺说道："这些古印度数学家的成就的重要性，我们再怎么高估都不过分。"

在古埃及，人们生活在狭长的尼罗河谷里。尼罗河每年有四个月的洪泛期，洪水会破坏农田的形状。这使得每年洪水过后，官员不得不重新丈量农田的面积。丈量面积涉及收税，这有巨大的利益，因此值得雇佣脑力劳动者或者会计来解决问题。这群受雇的古埃及的聪明人，继续调动抽象意识，发挥智能优势，将农田形状平面化、抽象化。一块块形状复杂的农田，被抽象化"切割"为一个个三角形、长方形、梯形、圆形等。这就是最早的平面几何。进一步地，古埃及的聪明人还将粮仓的形状、金字塔的形状等，抽象化为立方体、圆柱体、锥体等。这就是最早的立体几何。几何，希腊语的原意就是"土地测量"。

不过，要是据此以为，主要是实际生产和生活需要在推动着数学的发展，那就错了。主要推动着数学发展的，是人脑的心智，尤其是聪明人的心智。

包括算术、代数和几何在内的数学，很早就上升到符号抽象、代码抽象的层级，数学很早就脱离现实、脱离实际、脱离具体，成为纯粹的抽象，数学很早就成长为一门形式科学。这些特点使得数学在表达、传递、记载抽象意识方面具有独特的优势，往往一个简洁的公式就能表达出非常多的、非常复杂的抽象意识。例如，中国学生熟悉的"哥德巴赫猜想"，意思是任一大于2的整数都可写成三个质数之和。听起来有点复杂，用数学公式抽象表达就是"1+1+1"。小时候，听语文老师在算术课堂上（我的算术，真是语文老师教的）骄傲地宣称，青年数学家陈景润证明了"1+2"成立，就差最后一步，如果能接着证明"1+1"成立，就能解决这个横亘在世人面前300年的数学难题。

数学的这一特点，也使得数学和哲学走得非常近。牛顿是数学家，他提出万有引力定律的那本书的书名——《自然哲学的数学原理》，却很有哲学意味。数学和哲学，都是纯粹的形式科学，都是纯粹的抽象和抽象的纯粹，看起来似乎没有什么实际用途，好像也解决不了实际问题。比如，数学的"哥德巴赫猜想"有什么用呢？哲学的"我思故我在"[1]有什么用呢？再比如，牛顿1687年提出万有引力定律时，万有引力对当时的社会有什么用呢？既不能当饭吃也不能当衣穿，完全看不出来有什么实际用途！但是现在我们都知道，这些形式科学，对严重依赖于心智活动的智人来说，是极其重要的，因为它们是心智的"核炸弹"，能够极大极快地提升心智。数学理论或者哲学思想，往往可以改变人类，就是这个原因。爱因斯坦的相对论力学改变了时空意识，马克思的哲学思想改变了社会意识，就是明证。

总之，数学来源于意识，数学就是纯粹的抽象意识，意识是物质的，数学当

---

[1] 来自笛卡儿《谈谈方法》，大意是"我思考，所以我存在""我是通过思考，而意识到了（我的）存在的"。

然也是物质的。数学传递着数学家的抽象意识，是数学家抽象意识固化的呈现。数学是由聪明人高度抽象的心智活动，也就是高度智能的心智活动创造出来的，是这些人大脑产生的NES的固化。

075 智能之五：宗教（1）

探讨心智，就不能不探讨宗教。宗教是人类社会发展到一定历史阶段出现的文化现象，宗教是一种特殊的群体意识。宗教是怎么产生的呢？这得去先民生存的物质环境，包括心智这种特殊物质里寻找答案。

进化出神经之后，动物就有了感觉，这些感觉之中，不可避免地会有伤害的感觉。进化出完整脑之后，高级动物和人就有了意识，这些意识之中，不可避免地会有恐惧的意识。对人来说，伤害的感觉上升为恐惧的意识，这催发着宗教的萌芽。

宗教萌生的第一个阶段：个体恐惧演化为群体恐惧。

人的恐惧，最早表现为个体恐惧。个体恐惧，主要来自外界对个体肌体的物质伤害。这些伤害，以感觉NES的形式传递到人脑。经整合加工后，人脑会形成一个整体性的、综合性的NES，它包含了感觉内容和情绪内容，能给人带来恐惧的意识。人的躯体，当然也会按这个信号的动力学指令行事——分泌肾上腺素、肌肉收缩、脸色煞白、毛发竖起。

必须注意到，感觉和意识都是物质的，都是NES，因而感觉和意识都可以在个体间传递。例如，打哈欠就可以传递，它传递的是困乏的感觉；怕黑也可以传递，它传递的是恐惧的意识。我们重点看看，恐惧意识在群体中的传递：个体恐惧意识是怎么演化为群体恐惧意识的呢？

第一种情况，当恐惧意识是源自本能的时候，这一恐惧意识事实上为群体的每一个成员具有，群体成员都遗传了这种恐惧意识，因此，这一恐惧意识已经是群体恐惧意识了。例如，猴子对火和水的恐惧，人对黑暗的恐惧。动物的本能不同，它们的恐惧也有很大差异。比如猴子恐水，但非洲水牛并不恐水。人对雷暴恐惧，但非洲水牛并不恐惧雷暴。再比如，所有的高级动物都有对死亡的群体恐惧。第一种情况下的个体恐惧意识演化为群体恐惧意识，是很好理解的。

第二种情况，当恐惧意识不是源自本能，而是来自后天的某种特定的外界伤害时，此时这一恐惧意识不为群体的其他成员具有，因而不是群体恐惧意识。比如，对过敏原的恐惧，每个个体的过敏原可能都不一样，因此对过敏的恐惧意识很难形成群体意识。那么，第二种情况下的个体恐惧意识，是不是就不能演化为群体恐惧意识呢？那倒不是。要想将第二种情况下的个体恐惧意识转化为群体恐惧意识，必须借助相应的意识传递和转化的工具，这里就为宗教留藏着一扇暗门。

到这里，已部分解释了宗教产生的原因：宗教萌生于恐惧意识尤其是群体恐惧意识，宗教是在恐惧意识的物质"肌体"上生根发芽的；宗教就是某个个体或某些个体，将其后天的个体恐惧意识转化为群体恐惧意识的结晶。实际上到这里，我们也解释了为什么其他高级动物有恐惧意识，也有群体恐惧意识，但却没有宗教，甚至连图腾和崇拜都没有的问题。那是因为其他高级动物无法将后天的个体恐惧意识转化为群体恐惧意识，因为它们没有语言和文字。或者开个玩笑，是因为其他动物中没有聪明动物，而人类中总有聪明人，比如创造文字的会计、创造宗教的教主等。

076　智能之五：宗教（2）

接下来，探讨形成宗教的第二个阶段：图腾与崇拜。

图腾一词来源于印第安语totem，意思是标志、标记，有点像广告传媒学中的logo。图腾物最早是实物，比如牛角、虎皮、头颅等。图腾物后来经历形象抽象化，演化为雕塑、塑像或者图画。比如维伦多夫的"维纳斯"（如图22），胸部隆起，腹部宽大，女性性征极其夸张，它显然是在表达生殖崇拜。

图22 维伦多夫的"维纳斯"

流传至今的雕塑、塑像和图画图腾，还有不少。以阳物图腾为例。日本川崎每年都会举行一次男根祭，祭典中，人们不分男女，都要膜拜男性生殖器的雕塑图腾。无独有偶，位于喜马拉雅山南麓的尼泊尔和不丹两国，村舍房屋的正面山墙上，往往绘有活灵活现的阴茎，堪称阳具图画图腾的博物馆。

再后来，图腾物进一步符号抽象化，演化为抽象的符号，也就是符号图腾。例如，大卫星"✡"符号，相传源自犹太人对大卫王和大卫王盾的图腾，现在演变为犹太人和犹太文化的标志。"十"字符号，就源自对十字架图腾的符号抽象化。中国人喜爱的"　"祥云符号，源自古代吉祥的图腾。北京夏季奥运会的火炬，就采用了祥云设计方案。经过符号抽象化之后，图腾就和当代的logo非常接近了。

图腾并不遥远，我们现在仍然生活在各种图腾之中。中年油腻大叔的标配——各种珠串挂件，就是实物图腾。所有人看起来都备感亲切的纸币图案，就是图画图腾。潮流女性对奢侈名牌趋之若鹜，就是现代消费上的符号图腾。

图腾是怎么产生的呢？图腾是恐惧意识的反向固化。个体恐惧意识的反向固化就是个体图腾，群体恐惧意识的反向固化就是群体图腾。当形成群体图腾的时候，此时图腾还表现为一种文化现象。更有文化学家认为，图腾是最古老的文化现象。

远古时期，当自然界展现它的破坏威力，比如乌云压顶、电闪雷鸣的时候，生命的应对措施各不相同。没有神经的生命依据反映应对，比如一些植物会闭合叶片，一些借助降水传播孢子的真菌却会蓄势待发。有神经无完整脑的低级动物依据感觉应对，表现出来的是自然的行为，比如昆虫到树叶背面躲起来，而蜗牛却准备爬出去碰碰运气。有完整脑的其他高级动物依据意识应对，表现出来的就是有意识的行为，比如育雏的飞鸟会还巢以保护幼鸟，红毛猩猩会用枝叶编个"帽子"遮雨。智人依据智能应对，表现出来的就是有智能的行为，比如他们会返回洞穴，或者找一棵大树避雨等。

但智人不仅是这样做。他们还继续调动抽象意识，发挥智能优势，试图找到解决方案……遗憾的是，他们没有找到。此时智人有强烈的恐惧，却找不到躲避暴雨雷电的办法，也搞不清楚雷暴是怎么一回事。此时，智人脑七想八想、乱七八糟的，输出的只能是一些杂乱无章的NES，无法给出恰当的行为指令。这一切，表现在智人的行为上，就是瑟瑟发抖，手足无措，手和脚都不知道该往哪儿放。

当我们恐惧而手足无措的时候，接着会有什么样的行为呢？很显然，我们会寻找依靠，主要是实物依靠，也就是常说的要有点"抓挠"。从理论上来解释就是，人的意识的空白，需要实物的饱满来填补；人的心智的混乱，需要实物的清晰来廓清。这也顺便解释了现代人在气急——实际上是意识空白和心智混乱——的时候，为什么会抓取、摔砸实物，或者疯狂"血拼"购物。

接着说远古智人。智人被雷暴吓得手足无措时，他的脚会踩抵一个东西，最好是硬一点的东西；他的手会抓挠一个东西，最好是能显示力量的东西。事实上就是这样，智人抓取了某个实物，并关联赋予这个实物以抽象的力量，而且一定刚好是恐惧意识的反向力量。比如，某个智人抓取了洞穴旮旯里的非洲水牛角，并赋予牛角以反向抵抗雷暴的力量，对牛角的个体图腾就这样产生了。其他智人纷纷仿效，也抓取洞穴旮旯里的牛角，并关联赋予牛角以反向抵抗雷暴的力量，对牛角的群体图腾就这样产生了。

当然，洞穴里可能没有这么多牛角，这难不倒智人。他们中的聪明人，会继续调动抽象意识，发挥智能优势，找到解决方案：用最好的一只牛角，实物抽象地替代所有的牛角。这些智人还会进一步调动抽象意识，发挥智能优势，给出更优的心智解决方案：非洲水牛不恐惧雷暴，因此用牛角作为雷暴恐惧意识的反向力量，这个关联是合乎智人的智能的；非洲水牛蛮力十足，因此用牛角作为弱小恐惧意识的反向力量，这个关联也是合乎智人的智能的……聪明人会不断地给牛角"注入"新的意识元素。就这样，慢慢地，对雷暴的群体恐惧意识，反向固化为对牛角的群体图腾；而且这个群体图腾的意识元素不断丰富，进而表现为一种图腾文化现象。

其他图腾，都是这样产生的。比如维伦多夫的"维纳斯"图腾，就是对子孙稀薄、难产率高的群体恐惧意识的反向固化。现代人，可能没有这个群体恐惧意识了。但远古时期，人类的繁殖是非常困难的，百年人口增长率仅4%，即100人的部落增长4个人需要100年时间；智人孕妇头胎的难产率高达30%以上；智人胎儿的成活率不足50%。直到中华人民共和国成立前，中国人都还有浓郁的断子绝孙的群体恐惧意识，因此对断子绝孙的恐惧意识的反向固化——早生贵子、多子多福、儿孙满堂的实物图腾比比皆是。例如，石器时代就有鱼、蛙生殖图腾，后来还有石榴、瓠瓜、葡萄、花生、枣子、桂圆等多种生育图腾。

群体恐惧意识影响人类的心智和行为，导致图腾文化的产生；群体恐惧意识同样会影响其他动物的意识和行为，当然其他动物中不会产生图腾。猕猴群中的猴王拥有绝对的交配权，那你猜猴王是喜欢和中年母猴交配，还是喜欢和刚性成熟的年轻母猴交配？观察显示，猴王明显更倾向与中年母猴交配，原因是中年母猴受孕的概率更高，繁殖和养活后代的机会更大。现代男女往往都想不通，为什么神话传说和古代文献中，成功生育过的寡妇那么受欢迎，为什么极少数文化里甚至还有处女禁忌。往生殖图腾方面想一想，应该就能想通一些了。

反向固化并不是杜撰，而是心智物质运动的客观规律。例如，快乐崇拜（酒神崇拜）是对忧愁的反向固化，丰收崇拜是对饥馑的反向固化，生育崇拜是对断子绝孙的反向固化……总而言之，喜剧就是对悲剧的反向固化，自然就是对不自然的反向固化。正是因为看到了这一心智物质规律，所以尼采说"悲剧是自然的一面镜子"，喜剧的镜中"倒影"就是悲剧，悲剧就是不自然，不自然就是悲剧。

图腾搞清楚了，顺便说一说禁忌。图腾和禁忌是伴生关系，它们互为体现，有图腾就一定有禁忌。亵渎图腾物，本身就是一个严格的禁忌。借用尼采的话来说，禁忌就是图腾的一面镜子。

比如，智人洞穴里形成牛角的图腾后，也伴生了相应的禁忌。破坏牛角图腾，就被认为会给群体带来灾祸，是对整个群体的不敬，可以想见代价一定不菲。再比如，对死的恐惧意识的反向固化，在中国南粤一带形成了对生的图腾。图腾实物就是生菜，破坏崇拜仪式上的生菜，就成了禁忌；图腾符号就是数字3，与之伴生的，数字4就是禁忌[1]。又比如，当代中国，即使是超级现代化的北上广深，偶尔也会看到个别住户，在门楣上或阳台上布置一面镜子，那是住户对妖怪的个体恐惧意识的反向固化——"照妖镜"的图腾，亵渎"照妖镜"就是住户的严格禁忌。如果你胆敢破坏他的镜子，他会像原始人一样跟你拼命的。

搞清楚了图腾，再来理解崇拜，就水到渠成了。崇拜，就是有仪式地尊崇奉拜，口语称礼拜，成语是顶礼膜拜。礼，就是规则，就是仪式仪轨。"无礼不成（崇）拜"，没有仪式仪轨的渲染，就不叫崇拜。双手合十、五体投地、三跪九叩、山呼万岁、画十字、烧黄纸、歃血、上香等，都是仪式仪轨。比如，智人洞穴里形成了对牛角的群体图腾后，聪明人还会规定一套仪式仪轨，好比如何挑选最好的牛角、如何安放在洞穴最好的位置、如何在四周布置祭台和饰物，以及如何"开光"、如何膜拜的步骤等，这就上升为崇拜了。

大中华区遗存的祠堂文化，有一套祭拜祖宗的仪式仪轨，居中高挂的列祖画像就是图画崇拜，成排安放的列宗牌位就是符号崇拜。

再拿早生贵子的图腾物枣子和花生举例。当枣子和花生放在一起，没有任何仪式仪轨的时候，你是可以随便吃它们的，没什么约束和禁忌。但如果举办中式婚礼，在闹洞房仪式中，司仪捧出一把枣子和花生的时候，此时你不可以吃它们，此时有了严格的约束和禁忌。当然，婚礼仪式过后，假设捧出的还是那一把枣子和花生，这时你却又可以随便吃它们了，刚刚生效的约束和禁忌这时又失效了。人们在婚礼上，而且是仅在仪式行礼期间，对枣子和花生的"奇怪"行为，就是有仪式地尊崇奉拜，亦即崇拜。

再举当代偶像崇拜一例。假设你喜欢某位明星，但你没有任何的仪式仪轨，此时只是喜欢而已，还谈不上崇拜。此时你和他人，可以随便谈论他，没什么约束和禁忌。如果你进一步参加"粉丝"团的活动，收集他的各种信息，在床头贴他的大头照，每年给他刷礼物庆生，按节目表追他的综艺和剧，在网上为他各种

---

[1] 南粤一带"3"与"生"近音，"4"与"死"近音。

点赞……这些行为，就表现为有约束的、仪式化的特征。此时，你对他就有了崇拜，他也就成为了你的图腾——偶像。此时你和他人谈论这位明星，就不能太随便了，你有了一些约束和禁忌。如果有人胆敢当着你的面说他的坏话，或者破坏他的大头像，你会不会也像原始人一样跟他拼命呢？哦，忘了，补充一句，偶像原意是"木偶、泥偶之像"，偶像就是一种图腾。

可见，图腾、禁忌、崇拜都来自意识，特别是来自恐惧意识，更特别的是来自群体恐惧意识。

077 智能之五：宗教（3）

图腾与崇拜产生了，宗教的诞生就是自然而然的事情了。有些学者认为，图腾与崇拜，就是原始宗教。笔者认为，图腾与崇拜，离宗教还隔着一道"鸿沟"，这道"鸿沟"就是神灵抽象化。一旦人类中的聪明人完成了对图腾和崇拜的神灵抽象这一步骤，宗教就诞生了。顺理成章地，抛出我们对宗教的完整解释：宗教是在图腾和崇拜的基础上，有组织传播的神灵抽象化的群体意识。

因此，宗教产生的第三个阶段，就是神灵抽象化。

那么，什么是神灵？什么是神灵抽象化呢？神灵是人类中的聪明人，在崇拜意识实物抽象、图画抽象、符号抽象的基础上，进一步形式抽象、纯粹抽象的创造物。神灵产生的步骤是这样的。

第一步，人脑对恐惧意识实物抽象、图画抽象、符号抽象之后，形成了偶像崇拜的意识。每个人头脑里的偶像都长得不一样，千奇百怪的偶像崇拜，导致人们的意识混乱。第二步，人类中的聪明人进一步调动抽象意识，发挥智能优势，形式化地、纯粹地、凭空地创造出一个整体的、统一的心智解决方案：神灵抽象化。总体上来看，这些聪明人拿出的方案，最初一般是泛神灵论的，随后是多神灵论的，随后是一神灵论的。神灵就这样被聪明人创造（此处用捏造更合适）出来了。第三步，人类中的聪明人和他的追随者，想尽一切办法用神灵抽象化的方案，填补人们的意识空白，整饬人们的心智混乱。这里的第三步，已经有传教的意味了。

说神灵是聪明人有意识的捏造（物），说神灵只是一种心智且仅仅存在于我们的心智之中，可能会被有神论者骂。但事实就是这样的。试想一下，其他动物有神灵吗？有谁见过神灵？物质宇宙哪里有藏神之处？神，除了藏在智人的意识之内，智人意识之外哪里有神灵？

其实，一位智者早在2500多年前，就明确指出了神灵是凭空捏造的。古希腊哲学家色诺芬尼，是这样论述神的：

我们人认为，神也是生出来的，会说话，有形象，穿戴和人相同。如果牛、马也跟人一样，有手，会画画，那么，马会把神画得像马，牛会把神画得像牛，每一种动物都会把神画得跟自己一样。埃塞俄比亚人说，他们的神是黑皮肤、扁鼻子；色雷斯人说，他们的神是蓝眼睛、红头发。

神灵，确实是抽象捏造出来的、凭空捏造出来的、硬生生捏造出来的。神灵抽象，确实是典型地来虚的，是虚构的典型和典型的虚构。

神灵被聪明人捏造出来之后，怎么就形成了宗教了呢？这就得探讨刚才提到的第三步：传教。

前面说了，如果某类个体意识如神灵意识，不是来自本能，而是某个或某几个聪明人大脑创造的，要想将这一类个体意识转化为群体意识，就必须借助相应的意识传递和转化的工具。这些工具，包括和平的和暴力的两大类。

和平的工具，有口头宣讲、利益收买等。对宗教而言，口头宣讲就是布道，就是讲故事。不信你看：创教教主都是"故事大王"，大多数宗教经典就是"故事汇"，成功的宗教都很会编故事。对教徒和异教徒差异化地课税，就是利益收买。暴力的工具，有恐吓强迫、武力征服等。诅咒式的"信我得永生，不信入地狱"，就是恐吓，属于话语暴力。宗教战争，则属于武装暴力。历史上，宗教就是这样传播的。

公认的主要宗教有犹太教、基督教（包括天主教、新教、东正教）、伊斯兰教、印度教、佛教、道教、神道教等。其中，犹太教最为古老，诞生于公元前2000年左右。相对于前面探讨的事物的年代，应该说并不是很遥远，去之不远犹可追；又由于那时候文字已经诞生了，所以宗教都有丰富的文献记载；另外，宗教文物遗迹，保存下来的也较多。这一切，使得现在讨论宗教的历史，就有根有据了。考察这七大宗教，它们的形成和传播，都有如下特点。

第一，诞生之地都有众多的图腾、崇拜。图腾和崇拜是宗教诞生的心智物质基础，宗教诞生之地必然有众多的图腾和崇拜，也可以说宗教诞生之地必然要有很好的意识和文化土壤。

《旧约》明确记载，当时西亚各地，包括现在的巴勒斯坦和以色列地区，亚伯拉罕率领族人出走的两河流域乌尔等地，以及摩西率领犹太人出走的北非埃及等地，都盛行偶像崇拜。犹太教、基督教、伊斯兰教同宗同源，基督教的诞生地与犹太教诞生地大致相同。

伊斯兰教诞生地，在基督教诞生地的东南方向2000公里左右的阿拉伯半岛西部。伊斯兰教诞生较晚，大约是7世纪时期。此时阿拉伯半岛西部也是部落林立，极为盛行偶像崇拜，光是麦加克尔白天房内就有360个偶像。

佛教，诞生于公元前5世纪的古印度和尼泊尔一带。当时印度半岛大国十六个，小邦数千个，乔答摩·悉达多就是小国迦毗罗卫的太子。史载当时不仅偶像崇拜盛行，一些宗教思想也相继产生，如梵天、苦修、沙门、瑜伽等。

印度教形成于公元2世纪，广泛吸收了婆罗门教、佛教、耆那教教义，是最为繁杂的宗教。印度教的信仰、哲学、伦理观点等复杂多样，甚至相互矛盾。这也反映了印度教诞生时当地复杂的意识形态——不仅有众多的图腾、崇拜，还有众多的风俗、伦理、哲学，甚至是宗教思想。

道教是中国的本土宗教。公元前5世纪老子的道家思想是其教义的源头，但道教成为宗教，却是600年后的事情。东汉时期，张道陵在巴蜀一带正式创立道教。史载当时巴人和蜀人信奉偶像崇拜，祀奉鬼妖巫蛊，淫祀之风盛行。

最后一个神道教，简称神教或神道，是日本的本土宗教，大约诞生于5世纪后期。在此之前，日本国土虽小，却也是部落林立。史载大小邦国200多个，它们各有各的偶像，号称800万神，这也是神道教中"神"字的本义，泛指所有的神，包括恶灵邪神。

第二，都有一个聪明人或者几个聪明人的创造性贡献。

这些聪明人的创造性贡献主要有两点。首先是，创造出整体的、统一的、神灵抽象化的心智方案，并不断优化。紧接着是，想千方设百计、不遗余力地传教，甚至献出了宝贵的生命。摩西贡献出的是一神灵论方案，基督教和伊斯兰教也是一神灵论方案。佛教、道教、印度教和神道教都是多神灵论方案，其中神道教还有泛神灵论的尾巴。比如神道教至今还在不停地造神，他们把日本的天皇、功臣、战死的高级军官塑造为神，这也是中国等深受日本侵略之害的国家，反对日本政要参拜靖国神社[①]的原因。

第三，都有一个绵延至今的组织传播的过程。

聪明人创造宗教就是为了将其个体意识转化为群体意识，也就是传播。不传播就形成不了宗教，宗教传播不畅就会消亡。

历史上有记载的宗教就有数万种，为什么流传至今的主要宗教只有七种呢？很多人以为，是因为其他宗教的教义不行，水平不及这七大宗教。其实不是。单就教义来看，由于宗教并不科学，因而可以说没有一个宗教的教义是行的，没有一个宗教的教义是经得起推敲、经得起质疑、经得起细究的。教义同根同源，相同点甚多的犹太教、基督教、伊斯兰教，基督教和伊斯兰教的信众均超过十亿，但犹太教信众才一千多万，而且历史上犹太教多次面临灭教的危机。有的宗教的教义水平很高，例如佛教、道教，但一说到信众就不行了，佛教在其诞生地印度半岛信众寥寥，道教在中国信众也很稀少。

所以说，能否将个体意识成功地转化为群体宗教意识和一个宗教是否有信众，教义内容并非十分关键，关键是传播方式。

078　智能之五：宗教（4）

所以，形成宗教的第四个阶段，就是有组织地传教。宗教传播的法门是建立组织，有组织地传播。成功的宗教，都有成功的组织。

佛教最早建立僧团组织，成为当时古印度社会的一股力量，也曾引起世俗君主的疑忌。耶稣也建立了教团，并着力培养12门徒。耶稣遇害，也是因为早期基督教组织为罗马帝国世俗政权所忌惮。如教皇、红衣主教、神父、宗教警察、宗教裁判所、神学院等，都是基督教组织。伊斯兰教借鉴了犹太教和基督教，在组

---

① 靖国神社，位于日本东京都千代田区，供奉有为日本战死的军人及军属。参拜靖国神社，已成为部分日本政客拉拢选民、展示右翼思想的"政治秀"。

织上更为严密。穆罕默德流亡麦地那时，就颁布了《麦地那宪章》，并建立了乌玛宗教组织，他的早期追随者和弟子都在组织中担任领导职务。道门人才济济，为什么老子、庄子不是教主，却尊张道陵为教主呢？就因为张道陵最早建立道教教团传播道教，他有组织传教的大功。犹太教早期组织并不严密，经过摩西立法后，犹太教的组织逐渐建立起来，约柜和会幕有了，社团、学校、拉比也有了，信众才越来越多，鼎盛时期犹太教也曾建立过神权国家。

印度教和神道教给人组织涣散的错觉。其实，印度教借鉴佛教，很早就建立起僧团组织，神道教为对抗佛教的渗透，也是创建之初就有自己的教团和组织。但印度教和神道教的成功，主要不是靠教团传教，而是靠世俗政权的支持。将世俗政权的组织力量为己所用，这方面印度教和神道教最为成功。

必须说明一点的是，将个人意识转化为群体宗教意识也就是传教，并不容易。因为教主脑里有这样的宗教NES，别人脑里却没有这样的信号。这就好比哲学老师授课，要想学生接受哲学意识并不容易。

079　智能之五：宗教（5）

在【077】节段，集中说明了神灵抽象化是宗教形成的重要一步。既然神灵抽象化对宗教这么重要，那神话呢？神话里面全是神灵，神话为什么不是宗教呢？

这里就不能不说说神话了。神话也是智能活动现象，它是民间集体创作的口头文学，主要内容是表现对超能力的崇拜和斗争，以及对理想的想象和追求。神话与宗教有一些联系，但区别还是主要的。神话与宗教的区别主要有：

从创作时间来看。神话产生的时间非常久远，可以说语言一诞生，神话就有可能相伴产生了。先民开始神话创作至少是几万年前的事，所以神话故事的开头一般都是"很久很久以前……"。相比神话，宗教诞生的时间要晚得多。由于宗教诞生时神话已经趋于完善，而且神话在早期先民中很有影响力，所以创教教主奉行"拿来主义"，都毫不客气地照抄照搬或嫁接篡改了一些神话。宗教神话，就是宗教在发展过程中，吸收神话的人物与事件而创作形成的。

从创作人来看。神话是人民群众中的聪明人集体创作的，是群体心智抽象化的结晶；而宗教是创教教主等少数聪明人创作的，是少数人心智抽象化的结晶。

从创作动机来看。神话的创作动机是传诵集体记忆，而宗教的创作动机是统一民众思想和整饬群体心智。可能有人会纳闷儿，都有崇拜、都有神灵、都有故事，为什么神话没有"顺势"发展成为宗教呢？这个问题，与前面神话为什么不是宗教的问题，一起回答。主要原因就是它们的创作动机不同、传播方式不同。神话创作出来之后，如果还被聪明人加以改编利用，并成立以发展信众为目的的组织，进行有组织地传播的话，神话是有可能演变为宗教的。

例如，关于关羽的神话，兴于隋唐，隆于两宋。宣扬关公身上集中体现出的义，对统治者、商人、民间组织都有利，所以宋朝以后的历朝统治者、明清商会组织如晋商、底层社会组织如黑社会等，都曾有组织地传播过拜关公。时至今日，在中国内地（大陆）、港澳台以及南洋等地，还有不少人拜关公，拜关公俨然就是一个小众宗教。再例如，妈祖也是一个真实存在的人，原名林默，因救助海难而逝。经过历代统治者的褒封推崇和东南沿海渔业组织的神化传播，妈祖崇拜也演化成为渔民、船工、海员和商旅的小众宗教。2009年，妈祖信俗被联合国教科文组织列入非物质文化遗产，是中国首个信俗类世界遗产。

从抽象程度来看。神话抽象程度较低，所以神话故事一般是欢娱的、活泼的、开放的，散发着芬芳的生活气息。而宗教抽象程度很高，所以宗教故事一般是悲怆的、严肃的、封闭的，充斥着浓郁的救世情结。

从未来发展来看。神话和宗教，都是人类心智发展到一定历史阶段的产物，它们都必然走向消亡。神话已基本消亡，而宗教也逐步在消亡。宗教会消亡吗？请看下一节段。

080　智能之五：宗教（6）

宗教是一种特殊的心智现象，宗教的未来怎么样呢？

宗教的未来是消亡。旧宗教一直在消亡，宗教的消亡包含了宗教种类的消失和宗教意识的稀薄，这个趋势是不可逆的。宗教为什么会消亡呢？根源还是在意识上。宗教从意识中产生，更准确地说宗教根源于恐惧意识，因此，当恐惧意识逐渐稀薄的时候，宗教意识也会逐渐稀薄。人们的恐惧意识确实在逐渐稀薄。因为智能的发展，人类理解和掌控的物质力量越来越多、越来越大，因而人类的安全感不断提升，相应地恐惧感就不断降低，恐惧意识也就自然而然地越来越稀薄了。

比如说对黑暗的恐惧意识，经过抽象后，反向固化为对光明和火的图腾；进一步仪式化之后，演化为对火和光明的崇拜；神灵抽象化之后，就形成了古代波斯的琐罗亚斯德教。琐罗亚斯德教传入中国之后，称为祆教、拜火教、拜光明教等。昔时，拜火教在西亚、中亚等地，盛极一时，也曾拥有大量信众。但随着对火的认识逐渐加深，人类控制火的能力越来越强，划划火折或者敲敲火石，不灭圣火随随便便就能实现，甚至想要光明就有光明，这使得对黑暗的恐惧意识越来越稀薄。最终，拜火的宗教意识也就越来越稀薄，拜火教就这样慢慢地消亡了。

道教也是这样的。道教提炼的是对死亡的恐惧意识；经过抽象后，反向固化为对长生不老、得道成仙的图腾；进一步仪式化之后，演化为对阴阳八卦、符箓风水的崇拜；神灵抽象化之后，就形成了以"三清"为主神的道教。随着对生命的认识逐渐加深，人类理解和控制寿命的能力越来越强，天年长寿也没那么难以实现，关键是人们认识到死亡是必然的，长生不老、得道成仙是不可能的，这使得对死亡的恐惧意识越来越稀薄。最终，信道的宗教意识也就越来越稀薄，道教的式微也就必然了。

可见，宗教是一个历史现象，是人类社会发展到一定历史阶段才出现的，宗教必然走向消亡。

总之，宗教来源于意识，蕴含其中的图腾、禁忌、崇拜，也来源于意识。意识是物质的，宗教当然也是物质的。宗教是人类中的聪明人，一般是创教教主，将其个人意识有组织地转化为群体意识的结果。宗教是由少数聪明人神灵抽象化的心智活动创造出来的，是这些人脑中产生的NES的固化。没有人头脑里天生就有宗教的NES物质，没有人天生就信教；只有当后天头脑里形成了某种宗教的NES物质，才会有某种宗教信仰；头脑里没有形成这种宗教的NES，就不会有这种宗教信仰。

这里顺便说一下，为什么儒家未能成为真正的宗教呢？

对照上述形成宗教的四个阶段，可以发现问题所在。第一个阶段，儒家做到了。儒家提炼的是不仁不义、不忠不孝、失范失序、攻伐滥杀等伦理层面的群体恐惧意识。第二个阶段也做到了。儒家重视祭祀,所谓"国之大事,在祀与戎"。儒家总结了一整套仪式仪轨。孔子还专门演示过周礼。儒家的图腾和崇拜之周详,可圈可点。第四个阶段,儒家更是做得很出色。儒家的组织架构非常完善,孔子创立了最早的学校私塾,核心门徒七十二,弟子数千人;儒家在利用世俗政权组织力量方面更是登峰造极,前举孝廉、后行科举,近两千年来一直被统治阶级奉为圭臬。

很明显,问题就出在第三个阶段。儒家没有经历过神灵抽象化。直说就是,儒家没有抽象的神仙,因此未能形成真正的宗教。这一点,跟儒家创始人有很大的关系。至圣先师他老人家,"不语怪力乱神";还阻止探究鬼神之事,呵斥弟子"未能事人,焉能事鬼";更硬生生地明确要求,"敬鬼神而远之"。亚圣孟子承其衣钵,"有过之无不及",其著述近四万字,却几乎连鬼神俩字儿都找不到。可以说孔孟都带头在神灵的问题上,敷衍了事。(本段引号里的内容,均引自《论语》)

孔孟之后,儒家还有两次演变为宗教的机会,这就是儒家经历的两次重大意识革新。一是宋明理学革新,二是明清心学革新。但是这两次革新中的儒家的聪明人,如朱熹、王阳明等领军人物,也没有将儒家引向神灵抽象化。因而至今,儒家虽然影响很大,但却不能算是一门真正的宗教。儒教、孔教、礼教及儒释道"三教"等只是比拟的说法。

081 智能之六:科学

谈完宗教谈科学,倒不是有意这样的,其实科学与宗教并不是完全对立的,一般认为迷信才是科学的对立面。迷信是什么呢?字面上来看,就是痴迷地信仰、迷惘地信仰。换句话说,如果信仰不那么痴迷,不那么迷惘,就算你的意识之中有魑魅魍魉,也可不算迷信。回过头来看科学,科学的核心内涵是客观,科学就是建立在客观之上的、有序的、公式化的知识体系。

既然是知识体系,那就说明科学来自心智。心智是怎么转化为科学的呢?其实和前面已经讨论过的文字、文学、艺术、数学、宗教等心智内容一样,都是由人类中的聪明人贡献的。

形成科学，一般需要三个步骤。第一步是形成知识。知识的形成过程，与经验和技巧的形成过程是一样的；区别在于形成经验和技巧不需要太多的抽象能力，其他高级动物也有经验和技巧；而形成知识需要很强的抽象能力，只有人类具有知识。简言之，知识就是在经验和技巧的基础上，进一步抽象的结晶。比如火的知识，就是建立在人类用火的经验和技巧之上的，是智人继续调动抽象意识，发挥智能优势，进一步提炼概括出来的。

第二步是形成知识体系。有了更多的知识之后，单纯对知识进行抽象加工，也能形成新的知识。比如，智人具备火的知识和水的知识之后，聪明人经过提炼和概括，也就是抽象，就能形成水可以灭火、火可以蒸发水的新知识。但要想形成知识体系，还需要跨越式的抽象。比如，聪明人具备水和火的旧知识和水能灭火、火也能灭水的新知识之后，大受启发从而大跨度地抽象出水火相生相克、矛盾相依的知识体系。

第三步是符号抽象化。人类中的聪明人将知识体系符号抽象化，也就是系统化和公式化之后，知识体系就上升为科学了。比如，战国时期聪明人邹衍，将金木水火土相生相克、矛盾相依的知识体系，形式抽象后，提出了"五行"科学学说。五行学说，曾经是战国后期、秦汉之际的主流学说，流行了数百年。

可能眼尖的读者已经发现了，五行学说并不科学。是的。由于知识和科学都属于意识，意识有科学的也有不科学的，因此知识不一定科学，有很多知识是不科学的；所谓的科学也不一定科学，有很多"科学"是伪科学。怎样判断知识是不是科学，怎样判断所谓的科学是不是伪科学，这个问题还没有根本解决。目前，人们找到的判断标准，主要是实证检验和逻辑推理。如果一整套知识体系有实证证明、可以准确预测，还能逻辑自洽，那么它多半就是真科学。

科学，一般划分为自然科学、社会科学、形式科学三大块。生物学、化学和物理学等，属于自然科学。经济学、法学和心理学等，属于社会科学。形式科学是研究抽象概念的，逻辑学、数学、理论计算机等，属于形式科学。

我们认为，科学和其他类别的智能一样，都是来源于意识的，意识是物质的，科学当然也是物质的。科学传递着科学家的抽象意识，是科学家抽象意识固化的呈现。科学是由聪明人高度抽象的心智活动，也就是高度智能的心智活动创造出来的，是这些人脑中产生的NES的固化。自然科学是研究物质的科学，社会科学和形式科学可以看作是研究心智NES物质的科学。因此可以说，所有的科学都是物质科学，没有非物质科学。科学就是关于物质的客观的、有序的、公式化的知识体系。

只不过，人类关于物质的认识是有限的。受制于时空条件、技术水平、认识能力，关于物质的认识有些是科学的，有些是伪科学的。但总的来说，人类关于物质的认识总是无限逼近科学的，这一趋势已经无法动摇。这就好比科学也有一个阈值，可以无限接近，却无法达到。科学的阈值，俗称绝对真理或科学的尽头。存在伪科学和只能无限逼近真理，这两点也是科学的软肋和小辫子。

有神论、不可知论和形而上学，最喜欢抓科学的这两根小辫子。它们经常嘲笑科学，称"科学的尽头就是上帝""科学一思考，上帝就发笑"，这都是揪小辫子的伎俩。我们无力解释科学的尽头这样的终极命题。仅对一个有意思的辩题——应当遵从圣人的法则，还是物质的法则——略做探讨。

圣人的法则，主要是指创教教主、宗教领袖、神学家等一类人的心智法则，例如耶稣的心智法则，宗教学者霍梅尼的心智法则，《神学大全》作者、神学家阿奎纳的心智法则等；也泛指唯心主义哲学家、不可知论思想家、形而上学领袖的心智法则，例如唯心主义哲学家黑格尔、不可知论思想家休谟、《形而上学》作者亚里士多德的心智法则等。更为激进地，你也可以把圣人的法则，理解为一切反科学、反唯物主义、视发明创造为奇技淫巧和旁门左道的伟大人物的心智法则。这一类的伟大人物，还包括中国的孔子、庄子、董仲舒、朱熹、陆九渊、王夫之等。

与圣人的法则相对立，我们把坚持唯物主义、坚持实证主义、坚持科学主义、支持发明创造的伟大人物的心智法则，称为物质的法则。例如，提出科学主义的孔德的心智法则、分析哲学家罗素的心智法则、实用主义思想家杜威的心智法则等。这一类的伟大人物，还包括中国的墨子、鲁班、张衡、祖冲之、孙思邈、李时珍、徐光启等。物质法则，就是指物质的属性，亦即物性。宇宙遵从物质法则，因为宇宙是物质的；自然界遵从物质法则，因为自然界是物质的；生物圈遵从物质法则，因为生物圈是物质的；生命遵从物质法则，因为生命是物质的；人遵从物质法则，因为人是物质的；心智遵从物质法则，因为心智是物质的……这就是物质法则。当然，也可以说物质法则其实就是科学，科学就是关于物性的学问。

082　智能之七：哲学

就像有些人对数学不感冒一样，很多人对哲学也敬而远之，那是因为这两门学科都太抽象了、太形而上了。哲学可以理解为研究事物本质的学问，相应地，哲学家就是思考事物本质的人。古希腊语中，哲学家被称为"仰望星空的人"，也是这个意思。

中国一般习惯于把哲学归入社会科学。当哲学被归入社会科学时，与哲学关系最近的，是心理学、美学、伦理学等软性学科。但其实，哲学与心理学、美学、伦理学的距离非常大。在哲学专业人士看来，哲学研究事物的本质，属于有"硬核"的硬性学科。哲学专业人士认为，哲学更应该归入自然科学。

如果哲学归入自然科学，那么哲学与物理学的姻亲关系更近。哲学研究事物的本质，而物理学研究物的本质，看起来确实非常接近，二者仅仅是研究范围的宽狭有别。所以诺贝尔物理学奖得主玻恩就说，"理论物理学实际上就是哲学"。有些物理学家很像哲学家，如牛顿、爱因斯坦；有些哲学家很像物理学家，如斯宾诺莎、莱布尼茨。

在普通人看来，哲学专业人士的研究对象不明确，几乎没有研究工具，也不需要设备、仪器、实验室，他们似乎仅凭一个聪明的脑袋就能着手开展工作。这样看待哲学家也错不到哪儿去，但要注意这里提到了"聪明的脑袋"。确实，哲学就是哲学家抽象意识固化的呈现，是哲学家聪明的脑袋产生的NES的结晶。

读者朋友想必已经看出来了，本书探寻心智的源流，因而可以归入"心灵哲学（philosophy of mind）"的范畴。心灵哲学、心智哲学、意识哲学、精神哲学等，提法虽异，但焦点都是"心身"问题，即灵与肉、意识与身体的关系问题。当前，主流哲学家倾向于从脑、神经、语言、人工智能等维度，来解构和认识心智。如奎因、希尔勒的语言分析哲学等。

总之，哲学来源于意识，哲学就是纯粹的抽象意识，意识是物质的，哲学当然也是物质的。

083　智能之八：美学

一般认为，美学是哲学的一个分支学科。西方美学肇始于柏拉图，1750年鲍姆加登首次提出美学的概念。中国美学发端于先秦，公认老子是中国美学思想的源头。

美学来源于心智，来源于群体审美意识。当审美意识被抽象成为一种文化现象时，美学就诞生了。因此，比照其他心智活动的形成步骤，美学的形成也需要经历这三个步骤：第一步，个体审美意识的形成；第二步，个体审美意识上升为群体审美意识；第三步，群体审美意识进一步抽象化为美学。

个体为什么会有审美意识？

其实个体审美意识的形成，和其他个体意识的形成是一样的，都是来源于感觉。当人脑接收到感觉信息后，会同时调用人脑里存储的NES，与这个感觉信息一起整合加工。完成这些步骤后，人脑会形成一个整体性的、综合性的NES，它已经包含了感觉内容和情绪内容，能给人带来审美意识。

例如，当观看一幅中国山水画时，绘画元素以视觉信息的方式输入人脑。人脑会同时调用存储的NES，如自然、绿色、清新空气、淳朴山民以及"诗和远方"等等，与视觉信息一起整合加工。完成这些步骤后，人脑会形成一个整体性的、综合性的NES，它包含了感觉内容和情绪内容，此时人就会产生审美意识。这个信号经神经回路下达，人的躯体，当然也会按其动力学指令行事，例如身体肌肉放松、嘴巴发出赞叹声等。

对美的审美意识，就是这样产生的。同样地，对真、对善的审美意识也是这样产生的。真善美和假恶丑的审美意识，都是这样产生的。

虽然不会有人认为其他动物具有美学，但有少部分人认为其他动物有审美意识。比如前面提到的猴王对交配对象母猴的选择，他们认为这里就体现了猴王的审美意识。我们认为动物不具备抽象意识，因而不可能有审美意识，即使个别动物看似具有审美行为，那也只是本能的意识活动而不是抽象的意识活动。

还要注意，个体的审美意识是不同的、有差异的，甚至会出现完全相反的审美意识。这也很好理解，因为意识之源感觉，是有个体差异的。审美意识的差异，也就是审美观的不同，是很容易观察到的。比如，世界各民族的人们，经常会有这样的印象：那些男老外的本民族女友们，看起来似乎并不是本民族的最漂亮的女生。这里面，就有一个审美意识的差异的问题。

个体审美意识，怎样上升为群体审美意识？其实，和其他心智活动现象的传播也是一样的，主要手段是重复、教育、宣传和强迫等。

重复形成习惯，习惯产生美感。例如，中国人千百年来重复筷子餐具、重复围餐制，这已经成为民族群体的习惯，因而也带来了群体审美意识。假设一个现代都市的新媳妇，第一次到偏远落后、卫生条件很差的乡村夫家，她该怎么看待乡村的围餐和餐桌上重复使用的筷子呢？如果她挑战夫家的习惯，在筷子丛中独树一帜坚持使用自带的刀叉餐具，十里八乡的乡亲们会怎么对她进行审美评价呢？这和去新疆或者印度旅游，我们不会去挑刺当地的手抓饭这一群体审美意识，是一个道理。

教育，不断修正着受教育者个体的审美意识，使其形成群体审美意识。例如，学校给学生开设书法、绘画、形体等美学课程，就会使得学生形成群体审美意识。

宣传，也是一种重复。例如媒体广告，它会寻找受众的审美契合点，强化审美沟通。广告，事实上也在传播群体审美意识。

至于强迫，可能有人觉得，谁会强迫审美一致呢？那你就是太善良了。强迫个体接受群体审美意识的事，并不鲜见。比如，"楚王好细腰、宫中多饿死"，就是王权审美暴力。欧洲的宫廷，也有男士穿高跟鞋、女士过度束胸等类似的审美暴力。再比如，明清时期男人好"金莲"，女人就缠足；当今女性好"小鲜肉"，男艺人就大行阴柔之风，这背后多少都有男权女权的审美软暴力。

群体审美意识，怎样进一步抽象化为美学？

审美意识形成之后，人类中的聪明人，主要是美学家，会对审美意识做进一步抽象，抽象化的结晶就是美学。美学是研究审美的学问，美学就是纯粹的抽象意识，意识是物质的，美学当然也是物质的。

西方美学，一开始就表现出思辨的特性。公元前500年，毕达哥拉斯学派对形式美极为重视，他们认为数值代表着美，数本身就蕴含着美。例如，他们认为一切立体图形中，最美的是球形。他们还认为"万物皆数"，万事万物一定会有一个有理数与之对应，事物和现象都可以用相应的有理数去描述。他们对形式美的偏执追求最终演变为审美洁癖，这也导致了审美暴力和悲剧的诞生。毕达哥拉斯学派成员希伯索斯，发现存在无理数，即边长为1的正方形的对角线无法用整数或整数之比来表示。这个发现，引起整个学派审美不适，据说希伯索斯因此被学派同窗投入大海淹死。

毕达哥拉斯之后约100年，柏拉图是第一个从哲学思辨的高度讨论美学问题的哲学家。从轴心时代萌发，到17世纪现代性开始的时期，西方美学实现了哲学突破，开始用理性的思想来指导审美活动。

中国美学，一开始也是从思辨出发。在轴心时代以老子为代表，中国美学强调道、气、象、和、玄等。延及隋唐，元气审美，意象审美，意境审美，有虚有实、百花齐放、仪态万千。迨及宋明，就不对劲了，慢慢地就走向了一条偏狭的审美窄巷——道德伦理审美。所以有些激进的学者认为，中国一度没有美学，甚至连哲学也没有，有的只是伦理学；中国一度没有美学家，甚至连哲学家也没有，有的只是数也数不清的伦理学家和道德礼教的卫道士。根儿，就在这里。开埠以来，中国美学受到西方美学的剧烈冲击，开始全面重构，形成了中西互动的格局。

084 智能之九：心理学

心理学，是研究心理现象及其影响下的精神功能和行为活动的科学。心理学一词来源于希腊文，意思是关于灵魂的科学。1520年，首次有人用"psychologia"这个词发表了一篇文章。

严格来说，"心理学"翻译得并不好，因为它很不准确。1875年，哲学家西周的译著采用了"心理学"的译法，由于他在日本学界地位甚隆，这个译法因此推广开来。汉语"心理学"一词，是因为康梁的推崇而为后世采用的。

现在我们知道，心理其实就是指人的心智，跟人脑有关，而与心脏无关。心理学的心字，包括心灵、心智、心电感应的心字，都有误导作用。主要原因是古时候解剖学不发达，人们一直以为心智活动与心脏有关，认为"心之官则思"。很多汉字都有"忄"旁、"心"字底，就是这个原因。由于心理属于意识，都是人脑的一种NES，所以翻译psychology时，如果能往人脑、意识、电信号等方面做一些考量，那就会好得多。

所以说，读心术应该是读脑术、走心应该是走脑。好比脑海、脑洞、意会、电脑等词语，因为往人脑、意识、电信号等方面做了考量，既符合实际又和现代生活合拍，所以使用广泛。比如英文单词computer，按字面意思直译为"计算机"当然没错；但如果考虑到这个机器模拟了人的语言、大脑和抽象思维，翻译的时候往人脑、意识、电信号等方面做一些考量，意译为"电脑"显然更为传神。

总之，心理就是心智，心理活动就是心智活动，心理学就是关于心智的学问。心智是物质的，心理当然也是物质的。心理学的研究目的，是发现心智活动的物质规律。

顺便探讨一下个性心理。个性意识或个性心理，简称个性，口语叫性格，术语称人格。其词源是personal，意思是"演戏的面具"。好比人本来都是自然人，如果戴上"面具"登上人生舞台，就成为演员了，就有个性了，也就变成社会人了。照一般理解，个性就是指个人的精神面貌或心理面貌。

按照本书的意思，人类的心智，都是NES物质，是大同的。先天来看，我们都是非洲东部远古移民的后裔，是共享一个基因库的同一亚种。我们的眼耳鼻口肛、头颈躯干四肢一模一样；呼吸心跳、眨眼打喷嚏、体液循环等，也没有区别。就算是后天因素，比如喜怒忧思悲恐惊，也是一样的；融入集体社区组织族群的行为，也差不多；我们也都严重依赖工具、语言、文字等后天"法宝"。通观人类，影响或决定着心智的相同因素如此之多，以至于我们的心智总体上都是相通的、大同的。

小异，也总是有的。小异的心智NES，就是个性！

造成心智小异，或者说形成个性的因素也有很多，比如国家、民族、肤色、性别、地域、成长环境尤其是早期成长环境、父母、圈子和朋友、职业，以及先天因素如遗传和变异等。分别来看，国家造成的心智小异，就是国家性格，如岛国性格、大陆性格等。民族造成的心智小异，就是民族性格，如战斗民族性格、农业民族性格等。地域造成的心智小异，就是地域性格，如南方人性格、北方人性格等。性别（或性激素）也会带来心智小异，例如阴柔性格、阳刚性格等。职业也能带来心智小异，例如军人性格、中介性格等。其他因素，如成长环境、父母、圈子和朋友，以及遗传和变异等等，也都影响着个体的性格。

以我为例，来笼统估算一下。我头脑里的心智NES，与全世界80多亿人，有八至九成是相通的；与15亿华人，相通性则超过九成；与生活在中国东部和南部的人，至少有95%是相通的；与家人朋友同事的相通性，则高达99%。可能有人不认同这个估算数据，那是因为形成认识的神经算法有个缺陷：我们习惯于放大小异而忽视大同（很可能是脑神经在赋权重时，赋予异的权重较大而赋予同的权重较小）。例如，我们会放大木炭和钻石之间1%的小异、放大美元和棉麻纸之间1%的小异，而忽视掉那99%的大同。

神经生物学家、哲学家、人工智能工程师们抓大放小，瞄准人类心智的共性，试图研究找出心智的神经逻辑、语言算法、演化历程和物质实体。近年来，他们的研究屡有突破，正逐步接近心智的"底牌"，如脑科学、语言学、演化心理学、心智哲学、人工智能科学等。

而传统心理学家们忽视西瓜放大芝麻，专注钻研个体心智的差异。他们在螺蛳壳里做道场，将这一点点小异，又再细分为十几个类型的性格，如理智型、情感型、意志型、内向型、外向型、理论型、经济型、社会型、审美型、宗教型、独立型、顺从型、反抗型等等。这些研究看起来有意思，但实际效果就不敢恭维了。

085　智能之十：精神与精神病

如果说意识为完整动物脑和人脑皆有，心理为人脑所具有，一部分人认为其他高级动物也有心理；那么，精神则完全仅为人脑所具有，没有人会认为动物也有精神。在这里，顺便把感知、意识、心理、精神等心智范畴的概念都捋一捋。

哲学上的感知概念，与存在相对立。比如，在论述存在与感知的关系时，经验主义者贝克莱就说，"存在就是被感知"。感知，可以按字面意思理解为感觉+认知。将感知概念中的感觉去掉，只谈剩下的认知的话，认知概念就与意识概念相当接近了。比如，性别认知和性别意识，是同一个概念；口语常说的"棘皮动物没有认知能力"与"棘皮动物没有意识能力"，是同一个意思。心理和精神，都属于意识范畴，但精神仅指向人，不指向动物，所以黑格尔认为精神是"人的意识、思维活动和一般心理状态"。

因此可以小结说，**感知的外延大于意识的外延，意识的外延大于心理的外延，心理的外延大于精神的外延**。[①]如图23。

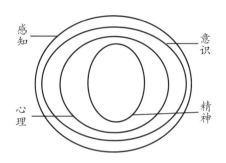

图23 感知、意识、心理、精神关系图

要探讨精神，得先弄清楚神经，神经和精神是什么关系呢？

神经是一类器官的总称，神经活动的结果是感觉和心智，人脑神经活动的部分结果才是精神。因此，神经和精神不是一回事。比如，神经病和精神病，就不是一回事。

神经病，是指其他动物和人的神经器质方面的病变，包括神经系统的组织病变或机能障碍导致的疾病。常见的有脑出血、脑梗死、脊髓炎、脑瘫、末梢神经炎、帕金森病、癫痫、面瘫等。这些疾病，都是各种因素导致脑、脊髓、外周神经等神经系统组织的器质性损害，进而导致神经系统机能障碍。症状是感觉麻木、肢体瘫痪、抽搐、肢体运动障碍、半身不遂等，一般患者的思维能力、判断力都是正常的。比如，小儿麻痹症是神经疾病，但患者心智不受影响。

很显然，人和其他动物都有可能罹患神经病。这类疾病，通过CT、肌电图、脑电图、脑血流图、实验室检查等，可以明确病因。

---

① 心智一词，字面意思是心理和智慧，实际是指意识和智能。类似的词还有神智、神志、灵智、理智等。神智是指精神和智慧。神志宽泛一些，除了精神和智慧，还包括了感觉。灵智就是智慧。理智则是指辨别是非和利害关系、控制自己的能力。

　　而精神病，特指人的心智病变，是人脑功能紊乱表现出的心智失常的疾病。如果说最常见的神经症候是头痛的话，那么最常见的精神症候就是抑郁。临床常见的精神病症，还有强迫症、恐惧症、自闭症、焦虑症、多动症、疑病症、精神分裂症等。精神病的病灶在人脑，其症状是认知、情感、意志等精神活动出现不同程度障碍，也就是俗称的"精神失常"。精神病患者一般有程度不等的自知缺陷，不能正确认识自我和他人；精神失常进而导致行为失常，患者不能正常学习、工作、生活；行为动作难以被一般人理解，显得古怪、与众不同；严重者在病态心理的支配下，会出现自戕或伤害他人的行为。

　　精神病患中，少部分患者继发器质性疾病，比如颅脑损伤导致的精神病、严重的神经病导致的精神病；大部分患者目前都找不到明确的、解剖学上的病因，现有医疗水平也无法通过医药试剂、医疗器械检测，只能靠症状来诊断。很显然，只有人，才有可能罹患精神病。

　　本书从心智是一种物质的角度，来尝试解释精神病。因而我们认为，神经病是动物和人的器官、器质等实物物质病变导致的疾病，神经病的物质病灶在于神经细胞物质；而精神病则是人脑的机能等心智物质病变导致的疾病，精神病的物质病灶在于NES物质。

　　为什么人会发生心智病变，具有意识的其他动物难道不发生心智病变？为什么人类才会被精神病折磨，怎么没看见其他动物遭受精神病折磨呢？关键在于，人和动物获得意识的途径不同了，获得的意识量发生质变了。

　　首先，看看获得意识的途径。高级动物的意识，主要来自感觉，有视觉的高级动物就有视信息方面的意识，没有视觉的高级动物就没有视信息意识。高级动物的意识，其次来自遗传，这些意识元素主要是指本能，例如动物的求生意识、领地意识等。高级动物的意识，还有少部分来自后天习得，主要是捕猎经验、求生技巧、生存点子等。但人却大大地不同于其他高级动物。我们的意识，绝大部分来自后天习得，比如从家庭习得宗教意识、从学校习得科学意识、看广告习得审美意识等。我们的意识，其次来自感觉，比如日常眼之所见、耳之所闻、体之所触等。我们的意识，较少部分来自遗传，这些意识元素也是指本能，例如人的求生意识、从众意识等。

　　是什么造成人和动物获得意识的途径发生分歧的呢？如前所述，是因为人走上了心智进化的高速路并独自开起了进化的跑车，关键之处是人拥有了语言和文字。

其次，看看获得的意识量。一些高级动物虽然也走上了意识进化的高速路，但它们却依然踱步而行。它们获得显意识的途径，使得它们的显意识量增长有限。而人类却大大地不同于其他高级动物，人类在意识进化的高速路上开起了智能的跑车，语言和文字就是这辆跑车的轮毂。这使得人类获得显意识的途径，不再依赖于内生的感觉，转而依赖于语言和文字等外化的工具。

语言带来意识量"爆炸"，文字带来意识量"核爆炸"。这两次"爆炸"，使得我们的意识量呈几何级数增长，回过头去与其他高级动物获得的意识量相比，那已经完全不在同一个数量级。更为关键的是，这一切都发生在"极短"的时间里：7万年前，智人具备了语言，"爆炸"发生；5000年前，楔形文字出现，"核爆炸"发生。对比生命演化40亿年的时间长河来说，智人具备语言之后的7万年时间，尤其是具备文字之后的5000年时间，实在可以称得上是"极短"。

这就带来一个问题：人脑在极短的时间里，承受了巨量的进化物质的催发；也就是说，巨量的意识物质，在极短的时间里生发于人脑。一部分人脑，接受不了如此巨量的进化物质催发，承受不住如此剧烈的意识物质生发，这部分人脑"扛不住了"、出问题了，这就是精神病。

残忍一点地讲，精神病就是心智进化上的不适应，是一种心智进化的淘汰机制。也就是说，每个人都在心智进化的高速路上开着智能的跑车，但有一部分人，他们的驾车技术略次，或者他们的跑车有点故障，跑车抛锚了，他们掉队了。有些精神病人能够赶上来，但有的精神病人永远也赶不上来了。

观察自然界，事实就是这样的。没有神经的植物不可能患上神经病，只有动物才可能患上神经病。没有意识的低级动物，不可能患上心智疾病。具有意识的其他高级动物有可能患上心智疾病，但我们不会称之为精神病。比如动物狂犬病。罹患心智疾病的其他动物，很快就被残酷的自然界淘汰了——死了，即使苟活下来它们也不可能获得持续繁衍的机会，因而意识缺陷也不可能形成遗传。这使得在野生动物种群里，基本上看不到心智疾病的案例。

总之，在自然界可以观察到，其他高级动物是有可能罹患心智疾病的，只是它们很快就被淘汰了。人类早期，因为意识量平滑增长，增速没那么快，人类适应得还比较好，因而罹患精神病的概率较低。同时，因为早期人类生存条件恶劣，精神病患者淘汰率高，因而精神病形成遗传的机会并不大。

现代人则大大地不同了，尤其是文字出现之后，现代人的意识发生了剧变。1. 现代人的意识，远离具体而变得越来越抽象，抽象思维占比不断提高，相应地形象思维占比不断下降；2. 现代人的抽象意识，有更快、更多、更难的发展趋势。首先是增速更快，现代人意识一直呈加速增长趋势，没有最快只有更快。其次是数量更多，现代人的抽象意识量是智人的几十万倍还多。最后是意识的内容愈发符号化、形式化，也就是抽象程度越来越高、越来越难了。例如，高等数学比算术难多了，非欧几何比平面几何难多了，有机化学、粒子物理、遗传生物学……实在是太难了！

这一切导致现代人的意识量在极短的时间里呈"核爆炸"增长，大部分人勉强可以适应；一小部分人适应得不够好，他们罹患精神病的概率就大大提高了。同时，因为生存条件大为改善，精神病患者淘汰率低，很多精神病人依然能获得繁衍的机会，因而精神病形成遗传的机会也大幅提高了。这就是我们观察到的，只有人会患精神病、精神病的发病率一直在增长，遭受精神疾患困扰的现代人似乎越来越多的原因。

总之，精神、精神活动、精神病，仅人类具有。精神是人的意识的一部分，意识是物质的，精神当然也是物质的，精神活动当然也是物质活动，精神病当然也是物质病变。精神病是人脑的机能等心智物质病变导致的疾病，精神病的物质病灶是人脑心智物质。精神病的进化学成因：人脑在极短的时间里，承受了巨量的进化物质催发，或者说巨量的意识物质在极短的时间里生发于人脑，这导致一部分人脑出现心智进化上的不适应。

附带阐述关于精神疾病的另外几个思考。

086　物理、化学和生物损伤带来的精神问题

人脑损伤可以破坏感觉和心智，可能导致神经病，也可能引发精神病。

第一类，物理因素导致人脑损伤，给患者带来感觉问题和心智问题。

例如癫痫。神经病中仅次于头痛，发病率排第二位的癫痫病，一般是颅脑物理损伤导致的。癫痫，俗称"羊角风"或"羊癫风"，是脑细胞突发性异常放电，导致短暂的人脑功能障碍的一种慢性疾病。多种脑部损伤都有可能引发癫痫，比如产道夹伤、大脑结节性硬化、原发性肿瘤、脑膜炎、颅内血肿、脑挫裂伤、脑出血、蛛网膜下腔出血、脑梗死和脑动脉瘤、脑动静脉畸形等。随着医学的进步和检查手段的丰富，能够明确病因的癫痫病例越来越多，治愈的病例也越来越多。

请注意癫痫的显著特征是"脑细胞突发性异常放电"，患者脑电图明显异常。"放电"，这也从侧面证明了神经系统的工作原理：接收、存储、输出NES。癫痫患者发病的步骤是：第一步，患者的受损神经传递某种信号，或者患者人脑接收到某种信号；第二步，患者人脑整合加工这些刺激性很强的、异常的信号，患者脑部出现异常放电；第三步，这个异常NES经神经回路下达，患者的躯体当然也会按其动力学指令行事——尖叫、抽搐、阵挛、瞳孔散大、口吐白沫、牙关紧闭、呼吸暂停。

还要注意到癫痫患者表现出来的三个现象。第一个是患者自知现象。临床发现，很多癫痫患者发病前都有即将发病的预感，也就是说有自知。患者自知预感的依据，主要是自身肌体的感觉，例如肢体麻木、味觉嗅觉听觉异常、视觉模糊、意识空白，或者产生一种说不上来、"不得劲儿"的感觉。癫痫作为典型的神经病，患者发病前有一个由肌体神经感觉发展到心智神经自知的过程。这又从侧面证明了，我们一再强调的"感觉—意识—智能"的神经发展脉络是可靠的。

第二个是间歇期完全正常的现象。癫痫是慢性病，患者两次发作之间的间歇期有长有短。但不管怎样，患者在间歇期都表现正常，与健康人没有什么差别。这说明导致癫痫症状的异常NES，也是间歇性输入输出患者人脑的；因而可以大胆推测，感觉疾病和心智疾病，都是NES这种生物电性物质在作祟。

第三个现象，严重的癫痫会同时引发心智问题。严重的癫痫不仅直接给患者带来感觉问题，例如产生错觉、大小便失禁等，还可能会引发患者的心智问题，如失忆、意识空白、心智混乱等。最典型的就是癫痫患者失神发作——意识突然丧失和突然恢复。患者可能会突然间停止活动、发呆、痴笑、手上拿的东西掉落、对旁人的呼叫无应答等。失神发作一般可持续数秒，但发作频次很高，临床有一天发作上百次的记录。失神发作后患者很快清醒，也不会觉得不舒服，但会失忆——不能回忆起、意识不到刚才发生了什么。这显然是意识症候，属于心智问题了。

由此可见，癫痫是典型的神经病，癫痫一定会导致感觉问题。同时，正因为癫痫是神经病，所以严重的癫痫，也就有可能进一步引发心智问题。毕竟，神经是感觉和心智的物质基础，感觉和心智都来源于神经。

第二类，病毒入侵也会导致人脑损伤，也会带来感觉问题和心智问题。

例如狂犬病。狂犬病又名恐水症，是狂犬病毒所致的急性传染病，人兽共患。临床表现为恐水、怕风、咽肌痉挛、进行性瘫痪等。狂犬病毒的糖蛋白能与乙酰胆碱结合，乙酰胆碱主要存在于神经之中，这决定了狂犬病毒的噬神经性。目前，狂犬病的传染和发病机理基本都搞清楚了，但尚缺乏有效的治疗手段，人患狂犬病的病死率几近100%。

狂犬病的传染和发病机理如下：人被病兽抓、咬伤，狂犬病毒从伤口进入人体后，在伤口附近肌细胞内少量增殖，再侵入近处的末梢神经。而后沿周围神经向中枢神经做向心性扩散，主要侵犯脑干和小脑等处的神经细胞。病毒在灰质内大量复制，沿神经下行到达唾液腺、角膜、鼻黏膜、肺、皮肤等部位。狂犬病毒并不是沿血液扩散的，它主要破坏人的中枢神经细胞，所以狂犬病的破坏性主要发生在人脑里。狂犬病毒是噬神经病毒，对人而言，那就是"噬脑病毒"。

狂犬病毒对神经细胞的破坏，会导致患者出现感觉问题。例如在发病前驱期，对声、光、风、痛等较敏感，伴有喉咙紧缩感，伤口及其附近感觉异常，有麻、痒、痛及蚁走感等，这都是病毒繁殖时刺激神经细胞所致。在发病兴奋期，患者出现极度恐怖、恐水、怕风、发作性咽喉肌痉挛、呼吸困难、排尿排便困难及多汗流涎等，这是大量病毒开始攻击脑细胞所致。在患者的最后一个阶段麻痹期，感觉问题已经非常严重了，患者会出现痉挛、运动肌失调、软瘫、瘫痪等。

狂犬病毒破坏脑细胞的时候，还会进一步导致患者出现心智问题。例如在发病兴奋期，恐水是一个特殊症状，此时患者喝水、看见水、听到流水声，甚至仅言语中提到"水"字时，均可引起严重咽喉肌痉挛。声波［shuǐ］与恐惧意识关联起来了，这显然已经是意识症候了。在麻痹期，患者逐渐安静，面无表情，同时出现意识迟缓，意识麻痹。狂犬病临床表现可以是呼吸肌麻痹致死，但究其根源仍然是病毒攻击人脑导致心智问题，如延髓性麻痹引起呼吸衰竭而致死。

第三类，一些毒素、寄生虫和寄生菌，也表现出"噬神经性"或"噬脑性"，当然也能导致人脑损伤，也会带来感觉问题和心智问题。

提到毒素，就不得不提生化武器了。毒素是一类物质，生命很早就开始利用这类物质。例如金合欢树、某些水母都会利用毒素，自然界很早就出现了生化武器。自然界中只有动物有神经，动物高度依赖神经，因此攻击动物神经的毒素，就成了这些生化武器中的"大杀器"。其中最典型的，是蛇毒。

有一类蛇毒属于神经毒素，可以阻碍神经细胞递质的传递。人和动物如果受到这类神经毒素的攻击，短时间内，神经系统就无法正常传递NES，呼吸肌接收不到神经指令，就无法正常收缩与舒张。对具有意识的高级动物而言，此刻意识可能是清醒的，但却无法呼吸。被蛇毒攻击而死，与前面的狂犬病致死，临床上都宣布是呼吸衰竭致死，但细究其死因，其实是神经系统被攻击致死的，窒息只是直接死因而已。

关于寄生虫或寄生菌，有个恐怖的话题：寄生虫和寄生菌，控制和破坏寄主的意识，使寄主沦为"蛊"和"僵"。

有时，我们会看到螳螂竟然爬向泳池，漂浮在水面上，似乎还在挣扎。螳螂为什么会"投水自尽"呢？因为它被一种线虫寄生了，螳螂的感觉被线虫控制了。此类线虫需要在水中繁殖，这是它引导寄主投水的生物学原因。

螳螂是低级动物，有感觉没意识；老鼠则是高级动物，既有感觉也有意识。老鼠也会沦为寄生物的"蛊"或"僵"。被刚地弓形虫寄生的老鼠，会产生喜欢猫尿气味的感觉，行动上会主动去追踪和接近猫，此时老鼠的意识显然已经被控制了——实际上是被破坏了。刚地弓形虫只能在猫的胃里繁殖，这是它引导老鼠追猫的生物学原因。

087　神经病和精神病的遗传因素

神经病和精神病都可能形成遗传。临床可以观察到，神经病和精神病都有遗传因素。

先看神经病。头痛、失眠、癫痫等，都能观察到遗传样本，甚至神经性头痛中的亲代和子代发生头痛的部位都是一样的。现代人饱受神经衰弱和失眠的折磨，有学者认为，这个问题部分怪罪于我们的远古祖先不够检点。如前所述，智人祖先远征之时，曾强制和尼安德特人交配。据说，尼安德特人神经方面的基因不太好，容易产生神经衰弱、失眠、情绪问题等。尼安德特人生活在亚洲西部和欧洲之间，因此这些不好的基因主要遗传给了欧亚大陆上的现代人，而非洲大陆上的现代人几乎没有尼安德特人的基因，所以非洲现代人神经衰弱、失眠、情绪疾病更少一些。

目前，对神经病具有遗传性已经没有疑义，但对精神病具有遗传性还有些争议。

学术研究和临床实例都表明，精神病也有遗传。人们的印象中，似乎艺术家更容易遭受精神疾病的折磨。作家罗曼·罗兰在其名作《名人传》中，是这样描写米开朗琪罗遭受家族遗传精神病折磨的。

悲观情绪损害着米开朗琪罗，这是他家的一种遗传病。在年轻的时候，米开朗琪罗就绞尽脑汁地宽慰他的父亲，后者似乎时不时地被过度的狂乱所折磨。现在，米开朗琪罗的病情比他的父亲更加严重。……米开朗琪罗试图通过疯狂的雕塑工作来缓解病情，或者他只是想在发疯前尽快完成作品。……米开朗琪罗的精神所受到的这种疯狂工作的影响比他肉体所受到的影响有过之而无不及。这种不间断的劳动，这种从来得不到休息的高度疲劳，使他那生性多疑的精神毫无防范地陷入种种迷惘狂乱之中。他怀疑他的仇敌，他怀疑他的朋友，他怀疑他的父母、兄弟和继子，他怀疑他们迫不及待地盼着他早点死。

精神疾病是否有职业因素目前没有结论，但遗传因素是显而易见的。

088　精神病很可能是人类"自找的"

人类的显意识活动方式，可能是出现精神疾病的直接原因。说得难听点，精神病很可能是人类"自找的"。

前面提到精神病的进化学成因：人脑在极短的时间里，承受了巨量的进化物质催发，或者说巨量的意识物质在极短的时间里生发于人脑，这导致一部分人脑出现心智进化上的不适应。这一解释是纲领性、宏观层面的解释，缺点是无法解释个案，对个案精神病的治疗也没有直接帮助。因此，还需要从更实操的层面、个案的层面，对精神病进行解释。

先撇开潜意识这一大块，因为人和其他动物都有潜意识，但其他动物并不会罹患精神病，所以我们排除潜意识致患精神病的情况和案例，先将焦点聚于显意识致患精神病这一块。与此同时，再排除物理、化学损伤导致的精神疾病，如重物撞击颅脑导致精神病和颅内炎症感染导致精神病等。这样，从个案的角度，就应该追问：显意识是怎么导致精神病的？会不会与个体显意识的来源途径有关？

个体显意识的来源途径有两个，一个是具体途径，一个是抽象途径。

人类个体的显意识量，一方面来自具体途径。其他动物也通过具体途径获得显意识量，它们几乎不会罹患精神疾病。因而可以大胆地推测，如果人类个体的显意识量主要来自具体途径的话，人类大概率也不会罹患精神疾病，至少精神病会罕见。

但不幸的是，与其他动物不同，人类个体的显意识量主要不是来自具体途径，具体途径贡献的显意识量占比很小。人类个体显意识量的绝大部分，来自抽象途径，也就是各种思考和思维活动。换句话说，语言和文字带来的两次显意识量的"爆炸"，都"炸"在抽象层面上。所以，个人罹患精神疾病的原因，是个体的抽象活动太多，即运用语言和文字进行的思考和思维活动太多，在短时间内被几何级数的显意识量"炸"倒了——超出了个体的承受范围，俗称"想太多了"。

应该说，人类幸运地掌握了爆炸式扩充意识量的要诀，而其他动物至今没有发现抽象可以几何级数增加意识量的秘密。以具体途径，增加显意识量的方式是M+N。好比小奶猫昨天积累了扑腾鸡毛的经验M，今天学会了爬树的技巧N，这两天小奶猫获得的显意识量就是M+N。而以抽象途径，增加显意识量的方式是M×N。好比小朋友昨天在课堂上学习了石器时代M，今天自己阅读了《物种起源》的部分章节N，这两天小朋友获得的显意识量不只是M+N这么简单，因为小朋友会对M、N、M+N进行抽象，他会将这些显意识融会贯通、相互"搭线"关联起来，也就是抽象思考一番，创造出新的显意识的思想火花，这两天小朋友获得的显意识量就暴涨为M×N。当然，因为关联是双向贯通的，所以也有人认为应该是翻倍增长，即不只是M×N，而是其两倍。

人类显意识活动的M×N方式，诺贝尔奖得主维尔切克称之为"组合暴涨"方式。这是仅为人类所掌握的扩充意识量的门道，其他动物连门都没有摸到，甚至都不知道门朝哪儿开。

这一独有方式的好处是显而易见的，那就是在人类寿命阈值内，在极短时间里以几何级数提升意识量。比如，每个人的寿命都是有限的，如果一切知识都来自具体途径，那么我们就不可能产生新的知识、新的理论、新的思想，因为每个人学会一些基本知识之后差不多寿命就快到头了。如果是这样，那和其他高级动物在意识进化的高速路上踱步一样，我们的智能进化跑车相当于熄火了。人类当然不会这么干，我们马上就给这辆跑车注满燃料——抽象意识。有了抽象意识之后，要获得某种知识，根本不需要以具体的方式、以实操的形式全部再来一遍，我们只需要通过语言、文字、音视频等抽象意识，就可以习得知识，关键是我们还可以将这些知识相互"搭线"关联起来思考，创造出新的思想火花。

这就好比要了解天体物理学，你根本不需要像伽利略一样自己动手去造望远镜，你只需要找来相关书籍、音视频好好学习就行了。如果学习和思考的抽象方法得当，几天时间里你就可能赶超伽利略一生的知识量。这就是为什么总有人年纪轻轻，就能取得惊世骇俗的研究成果的原因，也是人类总能产生新知识、新理论、新思想的原因。

那么，这一独有方式的坏处是什么呢？总不至于只有好处，没有坏处吧。是的，坏处肯定有。

坏处之一是我们总是自我质疑，总是怀疑抽象世界的真实性，这已经成了全人类的心结。智人发现了这个门道，现代人独自走进了这扇门，从此以后我们的生命运动就严重依赖于这一独有方式——抽象方式。心智发达的我们，善于抽象、喜欢思考、经常内省，我们开动已经"起筋"的"会拐弯儿"的脑筋，一砖一瓦地构筑起了一个抽象的世界。但抽象活动毕竟还是来虚的、虚构的，所以千万年来，我们总是怀疑我们构筑的世界的真实性，总是不断地感叹"世界是虚幻的""人生活在虚幻之中"。

正因为有这个坏处，所以人类而且只在我们人类中，衍生出了把"空虚←——

寄托"关联起来的神奇的心智现象。其他动物不会感到空虚，因为其他动物神经关联的对象都是实物，比如鸡毛、树枝、异性、天敌等。人类常常会感到空虚，会觉得空落落而没个"抓挠"，因为人脑神经关联的对象绝大多数都已不再是实物，而是语言、文字、音视频等抽象之物。其他动物世界是实物的、真实的，所以它们不空虚，也无须寄托。个别高级动物有疑似寄托的现象，如哺乳期母老虎不幸失去幼虎，它有可能会"抚养"别的幼崽（仍然是实物），甚至是猎物的幼崽。但实际上这种现象持续不了多久，母老虎很快就会失去母性，因为气味变淡，母老虎甚至会吃掉抚养过的猎物幼崽。

人类不一样，人类存在大面积的、持续的空虚，并发展出长时间的、多种多样的寄托现象。例如，情感空虚、精神寄托等。那些精心照顾满屋子宠物的"铲屎官"，宠物可能寄托着他们的某种空虚，如人际关系空虚、亲情联系淡薄等。寄情山水、托物言志、借酒浇愁、沉迷网络、崇拜大师、迷信神明和皈依宗教，都有这个意思。可以看出，空虚，实际上是缺乏某种心智物质，空虚需要寄托，最好是实物寄托。而寄托，实际上是在转移特定心智物质，是关联对象的转移，也可以口语化地理解为转移注意力。

坏处之二，就是抽象过度容易致疾【063】，而且是可怕的精神病。抽象过度，思考过度，或者说"想太多了"，确实能伤脑筋，的确有负面影响。比如，对M、N、M+N进行抽象时，有可能会搭错线，建立起错误的关联，这些错误的关联都会以NES的方式在人脑里留下物质印痕。如果脑子里只有一两个错误的关联，一般问题不大，不影响正常生活，最多就是有点偏，像个杠精不通人情而已。但如果脑子里错误关联较多，频繁搭错线，好像俗话说的脑子"缺根弦""搭错了筋"，那么事实上就已经在胡思乱想了，错乱信号就越来越多了，这就是"神经错乱"。进一步而言，如果错误的关联过多，错乱的NES过于浓郁，那么表现在行为上，就是这个人出现了精神错乱，甚至是患上了精神病。

神经错乱是个俚语，精神错乱则是术语。精神错乱，临床又叫作谵妄综合征。再比如，在人们的印象中，天才和疯子往往只隔着一层薄纸，为什么会有反差这么大的印象呢？一个共性的显性特征是天才和疯子都"想太多了"，天才一味多想是有可能精神错乱发疯的，而疯子少想一些，说不定真的就是天才。

30年前，我参加武汉某精神病院教学实践，曾对精神病人做过访谈。其中一个样本，发病前是当老师的人，她几乎没有"废话"，她的每一句话都严谨准确、很有道理，但前后语句不能联系起来，真的是"前言不搭后语"。很显然她在积极思考，每一句有道理的话都是她积极思考的结果；但她也明显思考过度，因为正常人交谈时总会夹杂很多废话，而且日常交谈确实也用不着如此超高频次的、超高强度的抽象思考。她为了使每一句话都显得有道理，而付出了抽象过度、思考过度的代价——她"想太多了"，患上了精神病也与此不无关系。

所以，为什么只有人类才有可能患精神病，而其他动物不可能患精神病？那是因为，"那些引发精神问题的因素，也是我们之所以能成为人类（智人）的原因"；或者说，想得多使我们成为了智人，想得太多可能又使我们成为精神病人。因为只有人类才会抽象，只有人类才可能抽象过度、思考过度，只有人类才可能"想太多了"。当然，平常所说的用脑过度、思想包袱重、心理压力大、喜欢钻牛角尖等，都可以近似看作是"想太多了"。精神病人减少抽象活动和思考活动，往往能缓解精神病症状，这是有临床数据支持的。例如精神病人睡着了的时候，抽象活动和思考活动减少，精神病症状当然也不明显。再例如，安排精神病人做具体的工作（最好是体力工作）、实操的动作（如简单器械运动），使病人多接近具体而远离抽象，减少了病人进行抽象活动和思考活动的机会，是有利于病人康复的。

这里顺便就**语言**、**自我意识**、**抽象意识**做个小结：如果人类未能演化出语言，那么人属就不会有智人种；如果智人未能习得自我意识，那么智人就不会烦恼痛苦；如果现代人未能习得抽象意识，或者习得的抽象意识没那么多，那么现代人就能平滑适应意识物质的催发，也就不大会遭受精神疾病的困扰。人类，很可能是"自寻烦恼"的，也很可能是"自找"精神病的。

089 智能之十一：理论与学说

智能的最高级形式，就是人类的理论和学说。

理论，词典解释为"由实践概括出来的关于自然界和社会的知识的有系统的结论"。这里的概括一词，正是抽象的过程之一。理论来自抽象，抽象包括提炼和概括，还包括思考、思维、判断、归纳、总结、论证、演绎、推理等等。科学学意义上的理论，严格来讲仅指科学理论，是指通过"概念—判断—推理"等思维过程和"论题—论据—论证"等推导过程，获得的合乎逻辑的系统结论。

抽象性、逻辑性、系统性、可证实性、不可证伪性，是理论的五大特征。人类形象思维的成果，如书法、绘画、舞蹈等艺术作品，因为不够抽象，因而不是理论。逻辑上不够严密的随感、散文、实验报告、方案设计、政策建议等，也不是理论。只有观点不成逻辑体系的看法、说法，也不是理论。可证伪的不科学理论、不可证实也不可证伪的非科学理论，也不是理论。暂未证实也未证伪的学说或假说，也不是理论。总之，具备了理论的五大特征的，才是理论。例如，马克思科学社会主义理论。

学说，一般是一个学术概念，是指学术上自成系统的主张。学说是理论的前身，经过验证的学说，得到进一步抽象提炼后，如果达到了系统化、逻辑化的高度，就有可能上升为理论，如傅立叶空想社会主义学说。

类似的还有思想等提法。思想主要是指相对零散、不成体系、逻辑性不很严密，但却也是真知灼见，具有真理性的认识。

总之，无论是思想、学说还是理论，都属于智能层面，都是人类心智高度抽象化的结晶。心智是物质的，思想、学说、理论，当然也是物质的。

本章小结：

人类和一些高级动物踏上了意识进化的高速路，但只有人类开上了智能的跑车，语言和文字是这辆跑车的轮毂，抽象意识是这辆跑车的燃料。

人类的心智，就是人脑产生的一种NES物质；智能活动成果，是聪明人创造出的NES物质的结晶。

心智是物质的，心智现象都是物质现象。

第七章　心智竟然是一种物质

我们认为，生命生而具有反映，反映是普通细胞的物质性能。感觉是动物神经的高阶反映，是神经细胞的物质性能。意识是完整脑的高阶感觉，是完整脑的物质性能。智能是智人脑的高阶意识，是智人脑的物质性能。

以上就是**意识和智能的物质说**，也就是**心智物质说**。为什么说心智是物质的呢？

090　无法隐藏的物质线索

后期生命演化出来的一切高阶性能，一定能从生命诞生之初的早期生命体内，寻找到蛛丝马迹的演化线索。就像心智这种高阶性能，也一定能追溯其物质线索。如表5。

首先，宇宙和自然界是物质的，宇宙和自然界物质催发形成了生命。生命诞生于物质浓"汤"，生命生而具有物质反映性能。

紧接着，多细胞动物进化出神经物质和神经细胞，动物神经出现了。动物神经的进化产生，带来动物反映提升到感觉的质的飞跃。

在动物神经进化之路上，脊椎动物进化出完整脑。完整脑的进化产生，带来高级动物感觉提升到意识的质的飞跃。

目前，在动物神经进化之路上，只有智人还进一步进化出智人脑，智人脑带来高级动物意识提升到人的智能的质的飞跃。

进而总结说，一切生命都有物质反映；具有神经的生命还有感觉，感觉就是高阶反映；具有完整脑的生命还有意识，意识就是高阶感觉；具有智人脑的人还有智能，智能就是高阶意识。

生命的反映是物质的，因此高阶反映感觉也是物质的，高阶感觉意识也是物质的，高阶意识智能也是物质的。

表5　心智的物质源头

生命的反映	动物的感觉	高级动物的意识	智人的智能
36亿年前	至少是5亿年前	4亿年前	20万年前
依托细胞物质	依托神经细胞物质	依托完整脑物质	依托智人脑物质
七大重要反映等	五大感觉、痛觉、平衡觉等	情感、记忆、经验与技巧等	自我意识、抽象意识、智能等
没有自主运动	有感觉地自主运动	有意识地自主运动	有智能地自主运动

在动物神经进化之路上，依次出现的感觉、意识、智能的物质存在形式，都是NES。NES，是动物具有感觉，发展到高级动物具有意识，最后发展到人具有智能的一切物质奥秘。

091　心智能够形成遗传物质

人的生物性状是可遗传的，比如说过敏症就能遗传，有时候亲代的过敏原与子代遗传的过敏原都是一样的。

随着遗传学、分子遗传学的发展，对遗传现象的研究越来越深入，对遗传物质的认识也越来越深刻。现在我们知道，遗传是由基因物质决定的。基因，就是具有遗传效应的DNA（少数病毒是RNA）物质片段。基因通常也称染色体基因，每条染色体含有1—2个DNA分子，每个DNA分子上有多个基因，每个基因含有成百上千个核苷酸序列。核苷酸序列，是已知的遗传物质最小的功能单位。基因物质，支持着生命的基本构造和性能。对人而言，基因物质储存着种族、血型、孕育、生长、凋亡等过程的全部信息，我们的生、长、衰、病、老、死等一切生命现象，都与基因物质有关系。

心智确实就是一种物质，心智疾病如精神病，确实也有遗传。心智是如何形成遗传的呢？原来，脊椎动物形成某种意识的NES之后，这个信号会储存在完整脑或脊髓之中，并被反复调用。每次调用这个信号，都会刺激脊椎动物体内发生相应的生物化学的变化，促使合成相应的蛋白质受体，于是在脊椎动物体内的与这种蛋白质受体对应的基因甲基化程度也改变了。这种基因甲基化程度的改变代代相传，如果一代比一代浓郁的话，最终就能形成基因记忆。

比如，为什么很多动物没见过老虎，也会害怕老虎的气味呢？以在老虎"菜单"里的鹿为例。鹿的祖先经常受到老虎的威胁，产生了恐惧老虎气味的NES，这个信号会储存在鹿脑或脊髓之中，并被反复调用。每次调用这个信号，都会刺激鹿体内发生相应的生物化学的变化，促使合成相应的蛋白质受体，于是在鹿体内的与这种蛋白质受体对应的基因甲基化程度也改变了。这种改变代代相传，如果鹿的每一代都受到老虎的威胁，那么这种基因甲基化程度的改变就会一代比一代浓郁，最终形成鹿对老虎气味的恐惧意识的基因。遗传了这一基因的某一代的鹿，即使没见过老虎，它也会恐惧老虎的气味。反过来，如果鹿不再受到老虎的威胁，那么这种基因甲基化程度的改变就会一代比一代稀薄，慢慢地鹿也会失去这一基因，最终鹿也不会害怕老虎的气味了。高级野生动物都害怕人类这种"两脚怪"，但驯养动物尤其是宠物并不害怕我们，就是这个道理。

在智人的诞生节段，曾提到过猛兽怕人的意识，这也是心智遗传的一个实例。没有完整脑的动物，都没有意识，更没有怕人的意识遗传。具有完整脑的动物，才可能形成怕人的意识遗传。比方说蜗牛与黄鹂鸟，黄鹂鸟怕人，蜗牛就不怕人。高级动物的完整脑越不发达，怕人的意识可能就越稀薄；完整脑越发达，怕人的意识可能就越浓郁。

心智具有遗传属性，心智能够形成遗传物质，这证明心智很可能就是某种物质。

092 消耗质能暴露出的物质端倪

完整脑是物质脑，是高度发达的物质系统，是心智活动的物质器官。构成完整脑的物质，主要是神经细胞物质、生物分子物质和大分子物质，尤其是带电的分子物质明显较多。和其他物质器官的代谢活动一样，完整脑活动时，需要消耗营养，也会排出废弃物，这一物质活动主要通过血液循环系统实现。完整脑活动时，还有一个显著的特点，那就是需要消耗很多的能量，比其他器官多得多的能量。能量储存在神经细胞体内，以NES的形式释放，释放之后神经细胞体需要一个再平衡、再蓄能的过程。就好像某人灵光一"闪"，突然就有了一个漂"亮"的想法一样，这一"闪"一"亮"，就是神经细胞在释放能量。

心智活动需要消耗大量质能，就好像四肢运动需要燃烧脂肪物质一样。完整脑的意识和人脑的智能，产生于质能转化的过程之中。也就是说，心智必定是完整脑包括人脑的物理、生物、化学物质活动的产物。心智产生过程中的能量和物质，必然也遵守能量守恒和物质不灭定律。因此，没有理由认为完全来自物质实存的心智，会是一个非物质存在。也就是说，消耗大量质能产生的心智，必然也是某种质能，必然是物质的。

心智活动需要消耗大量质能，如果个体的质能匮乏，就会出现心智能力下降的现象，长期下去还会导致心智退化。比如，身体虚弱者、年老体弱者、某种疾病（如阿尔茨海默病）患者等，他们缺少质能来启动心智活动，因而经常昏昏沉沉的，甚至心智不清。一些老人家晚年只记得保姆或护工，不记得亲戚子女，甚至连老伴都不记得，是因为老人家已经没有多余的质能，去激活更多的"脸"的图片记忆意识了。

消耗大量质能制造出来的心智物质，对高级动物特别宝贵。除人以外的动物一旦意识受损，则其动力学性能优势不再，它将很难获得食物，也不太可能得到其他个体的帮助，因而事实上就是死路一条。所以高级动物面临危险的时候，总是尽最大可能地保护好脑。人的心智受损，也会失去动力学性能优势，如偏瘫、发疯等。对人来说，脑的防护就是头等大事！脑防护的屏障，包括毛发、头皮、头骨及颅腔液体和紧凑的结构等。

总之，心智活动需要消耗质能，这暴露出心智极有可能就是某种物质。

093　自然过程留下的物质印痕

观察高级动物的生命历程，可以明显看出心智活动有一个从无到有到无、从弱到强到弱的自然过程。

刚出生的小奶狗除了本能，几乎不具有任何意识。小奶狗的眼睛也还没有睁开。几天之后，小奶狗就能睁开眼睛，感官基本全部打开了。随着感觉能力的提升、狗脑的发育，小奶狗很快就具有意识活动，表现出了一定的学习能力。2—3个月后，小狗就发育完成，也学会了狗妈妈的经验和技巧，可以独立生活了。1—10岁是狗子意识活动的顶峰，意识能力最强，意识活动最活跃。此后，狗的意识能力逐渐变弱，意识活动逐渐萎缩，15岁左右最终走向生命的尽头。

人的心智活动，也有类似的自然过程。只不过由于人类平均寿命延长到了70多岁，已远超自然野生状态下平均15岁的寿命，这使得人的心智活动的自然过程略为复杂一些而已。

刚出生的婴儿除了本能，和小奶狗一样也不具有任何心智。婴儿的眼睛，一般也不会完全睁开。即使是基因密码指定重点发育的颅脑，囟门也没有完全闭合。囟门俗称天顶盖、天灵盖，民间也叫作天眼，传说有非凡的感知能力，心智就是从天眼进入小孩体内的。可见民间对人脑的心智能力早就有了朴素的认识。

很快，婴儿就感官全开，感觉能力大幅提升。婴儿脑快速发育，脑容量激增，1—2岁时囟门闭合，幼儿具有了心智，心智活动也较为活跃，学习能力很强。1岁左右的婴幼儿即可习得自我意识和语言能力，3—6岁的儿童已经具备抽象意识和文字能力。此时，属于他的那辆智能跑车，既有了语言和文字的轮毂，也注入了不少抽象意识的燃料，已经可以驶入心智进化的高速路了。

6—14岁的孩子，大脑发育超过80%，学会了很多的经验和技巧，更重要的是，还学会了很多的抽象知识。研究表明，人的智力在25岁左右达到顶峰，此后保持平稳状态至36岁。所以，那些需要付出极大量智力的开创性科研成果，大多是由这个年龄段的科学家取得的。比如，人类克服"三观"限制，在宏观领域取得的相对论力学突破和在微观领域取得的量子力学突破，其构建者大多是30岁上下的年轻科学家。一些需要付出极大量智力的竞技项目，也是年轻人包打天下。比如围棋，这是顶级的智力游戏，围棋界就有"20岁不成国手，终生无望"的行话。

36岁之后，人的智力水平缓慢下降，但其他心智能力还有可能继续增长。比如察言观色的分析判断能力、大局意识、领导意识等。

60岁以后，人的心智水平将迅速下降。解剖学证实，60岁时脑细胞体积开始缩小，脑容量减少，到90岁时脑容量可以减少8%。大脑细胞数量更是剧减，相比15岁时，80岁时的大脑细胞数量可凋亡60%，即只剩下50多亿个。这个阶段，人的心智能力逐渐变弱，心智活动逐渐萎缩，容易犯糊涂。所以我们看到，老人的头会略微变小，动力学性能优势不再，记忆力衰退，语言能力和智力也明显下降，各方面都仿佛"活回去了"，又像小孩子一样了，俗称"老小"。最终，人和人的心智，也都会走向尽头。

我们熟悉的婴幼儿口腔期、青少年叛逆期（青春期）、青年巅峰期、壮年更年期、老年糊涂期等，都是对某个年龄段的心智运动规律的科学总结。临床诊断的智障，以及白痴、脑瘫等，也证明人的心智，确实有强弱之分、有无之别。

不仅个人的心智有此过程规律，人类心智也有这个规律现象。比如，中国历史上的鬼神意识、神话意识、血祭意识、人殉意识、天子意识、宗法意识、主仆意识、贞烈意识、三从四德意识、男尊女卑意识等，这些心智现象都是无中生有，从无到有的，也曾经浓郁过，但现在都趋于稀薄，逐渐湮灭了。

可见，心智确有一个从无到有到无、从弱到强到弱的自然过程。这与物质生命的历程相符合，与物质运动的规律相符合。这个自然过程留下的物质印痕，显现出心智是物质的。

094 心智能够被影响、被控制和被利用

囿于现有的科技水平，我们对心智了解得还不是十分清楚，也没有找到解剖学上的确凿证据，所以人们对心智的物质性持有怀疑。有人认为心智是仅为人类所独有的一种非物质存在，更有甚者认为心智是神灵吹给肉体的一口仙气。事实是，和人一样，其他高级动物也有意识。还有，不管是其他高级动物的意识，还是人的心智，在一定条件下、一定程度上都可以被影响、被控制和被利用。

例如，清醒状态下，我们很难停止意识，这是事实；但是，清醒状态下我们却可以很容易地指挥意识。也就是说我们虽然不能停止意识，却能驾驭和控制意识——我们想要意识什么，意识就得去意识什么；我们决定思考什么，人脑现在就会思考什么。

又例如，广告宣传方面。古人很早就发现了宣传能够影响和控制人的心智这个秘密，宗教传播就利用了这个秘密。如果说宗教传播的经济利益因素并不突出，那么当代营销学对广告宣传的利用，则纯粹是受经济利益驱动。这些

广告销售大师发现的秘密是：高频次地重复刺激信息，会影响人们的心智（购买）决策。

试想，当你早上拿起手机看到的是A产品，开车时电台播放的也是A产品，上电梯时又看到A产品，同事们聊天也聊到了A产品，那么下班后在超市闲逛，在一堆相似产品中看到了A产品，你的手会伸向哪里？多半会伸向A产品。心智是物质的，重复刺激必然会留下更深的物质印痕，这些物质印痕必然会影响人脑输出的NES，必然会关联A产品，人的手必然会按照神经关联指令行事——伸向A产品。

如果不相信高频次重复的力量，请想一想前些年的"脑白金"广告，"今年过节不收礼，收礼只收脑白金"的播放频次就明白了。也可以联想更远一点，想想德国法西斯铺天盖地的意识形态宣传。纳粹宣传部部长戈培尔深谙此道，他说"要想把一个基本教条灌输到人的头脑里，就必须把它归纳成简单的几点，并且不断地重复"。可怕的是，一些犯罪分子也掌握了这个秘密。PUA[①]犯罪就是利用虚假宣传包装，反复洗脑，达到骗财骗色、控制异性心智的犯罪目的的。

其他可以影响和控制心智的因素，还有很多。比如，麻醉技术就可以影响和控制心智。麻醉是由药物或其他方法产生的中枢神经、周围神经系统的可逆性功能抑制，麻醉会影响感觉和心智。麻醉影响感觉和心智的原理是，麻醉药阻断了NES的产生和传递。

NES的产生与传递，有赖于神经细胞膜对离子通透性的一系列生物化学的剧烈变化，包括钠离子和钾离子的流量变化。静止状态下，神经细胞的钙离子与膜上磷脂蛋白结合，阻止钠离子内流。当兴奋时，钙离子离开结合点，钠离子大量内流，产生动作电位，从而产生NES或传递NES。麻醉药的作用原理是牢固地占据钙离子结合点，阻止钠离子内流，导致动作电位不能产生，NES的产生和传递也因此受阻，从而起到麻醉作用。局部麻醉只需要阻断局部区域的神经末梢或神经干；而全身麻醉则需要阻断中枢神经系统，使得人脑麻痹。

最初，麻醉术主要目的是阻断痛觉的产生和传递。现代麻醉术，不仅能阻

---

① 英文Pick-up Artist的缩写，字面意思是搭讪艺术家，实际上是一种通过欺骗性包装达到违法犯罪目的的犯罪手段。

断痛觉的产生和传递，还能影响和控制病人的心智。全麻术后醒来，病人不仅对手术过程无痛觉，还会对手术过程无意识（不知道被手术了），仿佛"断片"一般。由于担心麻醉影响儿童心智的发展，所以临床一般不对儿童实施麻醉术。

毒品和滥用药物，也能影响和控制心智。很多毒品实际上就是麻醉药，如鸦片、吗啡、可待因等。毒品和滥用药物的危害，主要是致瘾。"瘾"是什么？就是心智依赖啊。医学上将×瘾直接称为×依赖症，例如酒瘾就是酒精依赖症，网瘾就是网络依赖症。家长为什么那么担心孩子上网玩游戏，关键也是怕上瘾啊！归根结底其实是担心网瘾和游戏瘾会影响孩子其他心智的成长发展。

不管怎么说，确实可以在一定条件下、一定程度上，采用物理、化学、生物、医药、宣传、广告等手段，来影响、控制和利用心智。可以被影响、被控制和被利用，这表明心智是物质的。

095　心智病变是物质病变

具有意识的其他高级动物和具有智能的人，都有可能患上心智疾病。心智疾病可以治疗，有些还能彻底康复。

在现代医学产生之前，人们的医学知识十分贫乏。由于心智疾病的物质病因难以观察，患者的言行又十分精灵古怪，所以人们对心智疾病可说是束手无策，往往自然而然地转向祈求于巫蛊、鬼怪和魂灵。随着现代医学的不断发展进步，人们终于认识到心智疾病也是物质病变引起的，心智疾病的病灶多半在神经系统、脊髓和人脑之中。对症下药，治疗心智疾病的药物和疗法也发展起来，疗效也越来越显著。

心智疾病的疗法，除了药物疗法，还有针灸疗法、心理疗法、催眠疗法、音乐疗法等，重症患者也有手术疗法、电休克疗法等。如果治疗得当，部分心智疾病，包括轻微精神病可以彻底康复，重症精神病康复难度较大，但也有彻底康复的个案。

心智疾病可以治疗，部分心智疾病可以彻底康复。这从侧面证明了心智病变是物质病变，心智是物质的。

096　错误的心智是一个反证

众所周知，在感觉层面，存在错觉。同理，在心智层面，肯定也存在错误的心智。

对具有感觉，但还不具有意识的低级动物而言，它们会有错觉和幻觉。飞蛾扑火，就是错觉惹的祸。人类还学会了开发利用低级动物的错觉，比如"苍蝇馆子"利用水袋来驱赶苍蝇，蜂农利用蜂箱养蜂割蜜等。存在错觉和幻觉，可以控制、利用错觉和幻觉，这恰好反证出感觉是物质的。

同理，对具有低阶心智——意识——的其他高级动物而言，肯定存在错误的心智。巢寄生鸟类意识"龌龊"，它们会偷偷把蛋产在其他小鸟窝里，让义鸟帮它孵化。以巢寄生的杜鹃为例，它的蛋孵化很快，刚出壳的杜鹃幼鸟意识更"下作"，它会把义母鸟的蛋一个一个推下鸟窝摔碎。这样，义鸟回巢时，巢中就只剩下唯一的幼雏，义鸟会把这个小凶手当"独子"来疼爱，这显然是错误的意识。图24为义鸟正在给比它大得多的杜鹃幼鸟喂食。

杜鹃，会利用义鸟的错误心智；人，也会开发利用其他高级动物的错误心智。驯化动物，就利用了高级动物的错误心智。在驯化动物的错误心智里，饲养员和主人被错认为"鸡妈妈""鸭妈妈""头狗""头马""领头羊"。不信，你可以亲自去验证一下。

图24　义鸟正在给杜鹃幼鸟喂食

人，不仅存在错觉幻觉，还有可能失去感觉。比如，有人会莫名其妙失去味觉、嗅觉等。

人，也有错误的心智，这有点像"臆"或"癔"。还是在武汉某精神病院的临床访谈，有一个精神病例，他告诉我周围都是"敌台"，这些"敌台"用多语种日夜不停地广播着，内容他都听懂了。很显然，这个病人出现了错误心智，他沉醉其中。在他看来，他的心智非常清醒，糊涂的是我。我们不仅有错误心智，也有可能失去意识和智能。比如，失忆就是失去部分意识，失语就是失去部分智能。

总之，心智有正确和错误之分。存在错误的心智，而且还能控制和利用错误的心智，这恰好反证出心智是物质的。

097　神奇和特殊是一个伪证

因为特殊而否定一般，因为事物的某个鲜明的特殊属性，从而否定这个事物的一般属性，这就是"白马非马论"[①]。心智确实有很多神奇之处，但不能因为心智的"神奇的特殊属性"，从而否定心智的"物质的一般属性"。

关键是，心智的神奇，是人为赋予的。比如，低级动物没有心智，万事万物它们都不会觉得神奇，蚯蚓会认为你总是扎它的左边很神奇吗？其他高级动物虽有意识，但也不会认为意识很神奇，宠物狗会认为把主人视为"头狗"，服从"头狗"意识很神奇吗？显然都不会。

换言之，心智本来并不神奇，是我们人类认为它神奇，心智才神奇起来的。就好像"没有尾巴"这个属性，本来并不神奇，但人类为了将自己与其他动物区别开来，不断提炼这个属性，赋予它神奇，结果历史上人们曾经认为没有尾巴是很神奇的。现在我们知道，没有尾巴毫不神奇。

还有就是，心智虽有神奇之处，但其他神奇的事物多着呢！量子纠缠神不神奇？黑洞神不神奇？海市蜃楼神不神奇？克隆繁殖神不神奇？人工智能神不神奇？……所以说，物质世界本身就很神奇，这个世界从来不缺乏神奇的事物，比

[①] 见于战国《公孙龙子·白马论》。

心智还要神奇的事物也不在少数。正如达尔文所说："我们的确与众不同，但也没有像我们想象中的那么神奇（不同）。"

可以看出，认定一个事物是否神奇，主要还是看对这个事物的了解程度。越是未知的事物，越容易被赋予神奇，越有可能被利用捏造出神奇来。已知的事物，背后的物质规律被认识到了的事物，就是平淡无奇的。一旦认识到了神奇的物质属性，我们就会否定这个神奇。智人祖先认为雷电神奇，但富兰克林否定了这个神奇[1]。今天我们认为心智很神奇，会是谁来否定这个神奇呢？

心智对我们来说，还是一片未知的"蓝海"。既不能因为未知，而人为赋予心智神奇；也不能因为心智确有神奇之处，而否认心智的物质属性。至少，不能把神奇和特殊，当作否定心智物质说的理由。

本章小结：

很多证据指明，心智是一种物质，心智是物质的。

---

[1] 富兰克林通过实验研究指出，雷电是一种云层放电现象。

第八章　重新认识生命和世界

如果心智是物质的，那么人和人类社会的一切，包括建立在心智之上的精神文化，就都是物质的。如此，这个世界就是彻底唯物的。那么该如何来重新认识生命、认识这个世界呢？

098 物质世界

世界是物质的，事物和现象都是物质的，生命也是物质的，生命现象当然也是物质现象。世界由质能物质构成。质量和能量，是物质永恒运动的存在形式。生命也是物质永恒运动，尤其是有机物质永恒运动的存在形式。

实物物质运动就是一种能量展现，对生命物质运动而言，就是动力学性能展现。实物物质运动横向展现为时间，表现为运动状态的持续性；对生命物质运动而言，也可以理解为该动力学性能的"寿命"。实物物质运动纵向展现为空间，表现为运动状态的广延性；对生命物质运动而言，也可以理解为该动力学性能的"气场"。

物质运动总是受到阈值的限制，突破阈值意味着运动状态的否定。实物物质运动突破阈值，意味着该实物物质的湮灭或新物质的产生。对生命物质运动而言，突破阈值，意味着该生命物质的"寿命"终结、"气场"散尽，此时，必定也有新物质或新生命产生。

如果认为世界是物质的，非物质是不存在的，那么，对很多事物的认识将面临重构。

例如，现在我们会怎样认识生命呢？

099　生命到底是什么

生命诞生于物质浓"汤"，物质是生命的最根本属性。生命无非是物质永恒运动的展现。生命在展现什么呢？生命在展现物质永恒运动的动力学性能，也可以说是永恒运动的物质在推动着生命展现其动力学性能。此处的物质，主要指有机物质。

分别来看，细菌生命到底是什么？无非是细菌物质永恒运动的动力学性能展现，是永恒运动的细菌物质在推动着细菌生命展现其动力学性能。植物生命到底是什么？无非是植物物质永恒运动的动力学性能展现，是永恒运动的植物物质在推动着植物生命展现其动力学性能。动物生命到底是什么？无非是动物物质永恒运动的动力学性能展现，是永恒运动的动物物质在推动着动物生命展现其动力学性能。人命呢？人的生命到底是什么？无非是人体物质永恒运动的动力学性能展现，是永恒运动的人体物质在推动着人体生命展现其动力学性能。

获得生命就是物质获得新的动力学性能，失去生命就是失去原有的动力学性能。相应地，成长发育就是动力学性能的提升，衰老萎缩就是动力学性能的降低。相应地，寿命就是生命获得新的动力学性能，到完全失去这一动力学性能的时间旅程。

如果顺着这个思路，逐一来看看生、死、性、命等，会有很不一样的体会。

100　生死性命

既然生命是物质运动，尤其是有机物质运动的动力学性能展现，那么探讨生、死、性、命的时候，就应当沿着这条主线展开。

先看看生，什么是生？生就是物质，尤其是有机物质获得新的动力学性能的一种存在状态。比如说，在形成受精卵之前，男性精子有一种精子的动力学性能状态，它遵循着精子物质的运动规律和状态阈值：精子运动横向表现为该动力学性能的"寿命"，大约三个月；纵向表现为该动力学性能的"气场"，就是精子活性。同样地，女性卵子也有一种卵子的动力学性能状态，它遵循着卵子物质的运动规律和状态阈值：卵子运动横向表现为该动力学性能的"寿命"，从始基卵泡算起是80多天，从卵母细胞算起约14天；纵向表现为该动力学性能的"气场"，就是卵子活性。精子运动状态受到阈值的限制，突破阈值意味着精子状态的否定；卵子运动状态受到阈值的限制，突破阈值意味着卵子状态的否定。否定状态有两种，一种是精子和卵子分别死亡，分解为新物质；一种是精子和卵子结合，成为新生命——受精卵。不管是哪一种状态，精子和卵子此前的动力学性能已被否定，已不复存在了。

当一个获能的精子进入卵子的透明带时，受精过程就开始了；卵原核和精原核的染色体融合在一起，则标志受精过程的完成。此时精子和卵子"寿命"终结、"气场"散尽，但受精卵有了新的"寿命"和新的"气场"。受精卵获得了新的动力学性能，例如增殖、分裂、分化、代谢、遗传等动力学性能。受精卵的这些新的动力学性能，很多是单独的精子或单独的卵子所不具备的，是全新的动力学性能。比如，单独的精子和单独的卵子，都不具有分裂性能。

堕胎，是个争议很大的伦理话题。对此本书认为，受精卵形成之时，生命就已经诞生了，破坏受精卵就是破坏它刚刚获得的全新的动力学性能，就是在破坏生命。至于破坏单独的精子或单独的卵子，我倒不认为是在破坏生命，那只是在破坏有机生物。

对于人类的"生"，争议还算少的，一旦扩大范围，讨论生命的"生"，争议就很大了。比如，折下来的植物枝叶，有没有生命呢？老农民都知道一些植物可以扦插活、嫁接活。现代生物学更不得了，通过无菌培养，一小片叶子就能育苗。少数低级动物，切成两段可以各自成活。克隆技术，只需要少量的细胞生物物质，就可以复制一个生命体。到底什么是生？克隆是不是生？无菌育苗是不是生？扦插活、嫁接活是不是生？切成两段是不是生？运用本书对生的认识，解释以上争议可谓得心应手。

例一，切成两段是不是生？

对动物而言，此类现象见于扁形动物和环节动物。对植物而言，切成两段甚至多段，只要环境合适，基本上每一段都可以成活。一些生命之所以具有如此神奇的能力，是因为它们的成体内还保留有原性细胞；而其他生命成体内的原性细胞则分解殆尽，所以没有这种神奇的能力了。

原性细胞又称作原始性腺细胞，也叫胚胎原始生殖细胞，它存在于早期胚胎的原肠胚期前。早期原性细胞是未分化的细胞，是典型的全能细胞。原始性腺中的细胞属于一种胚胎干细胞，具有很强的自我复制和分化成为各种功能细胞即专才细胞的能力，能够产生大量子代细胞，包括产生组成机体组织和器官的细胞。植物或动物被切成两段之后，每一段都迅速激活休眠在体内的原性细胞，原性细胞分化产生大量的子代细胞，补充每一段缺失的机体组织和器官，慢慢地，每一段就成活了。

对植物而言，由于细胞功能区分并不严格，专才细胞少，因而成活容易。对动物而言，由于细胞功能区分较细，专才细胞较多，因而并不容易成活。每一段的动物生物体能否成活，取决于该段休眠的原性细胞能不能补充该段缺失的机体组织和器官细胞。如果某一段的组织和器官缺失太多，无法全部补充恢复，这一段也是无法成活的。以扁形动物真涡虫的断裂生殖为例。如果条件优良，一条真涡虫切成3—6段，每一段都可以成活，但切割太细的话，也是无法成活的。更多的动物，尤其是高级动物的细胞功能区分太细，专才细胞太多，因而完全不能分段成活。

分段成活是不是生呢？判断标准是该段是否获得了新的动力学性能。如果该段获得了新的动力学性能，那么就是生。

例如，扦插活、嫁接活都属于生。因为如果不做任何处理的话，剪下的那段枝丫已经失去了植株原有的动力学性能，它已经不是植物植株而是一段植物生物体了。但经过插扦或嫁接处理之后，这段植物生物体调动了它的原性细胞，获得了新的动力学性能，例如分化、代谢、遗传等动力学性能。所以说，剪下的枝丫并不是生，扦插或嫁接的枝丫才是生。

对于动物而言也是这样的，比如真涡虫分段成活都属于生。因为如果没有任何生物学上的变化的话，每一段真涡虫体已经失去了真涡虫原有的动力学性能，它已经不是动物生命而是一段动物生物体了。但如果这一段动物生物体调动了它的原性细胞，获得了新的动力学性能，例如裂殖、分化、代谢、遗传等动力学性能，那么这一段动物生物体就是生。所以说，切分的真涡虫体并不是生，获得了新的动力学性能的真涡虫体才是生。也可以说，切分的真涡虫体不仅不是生，而且已经走向死；获得了新的动力学性能的真涡虫体不仅是生，而且是否定了原真涡虫生命的新生，它是一条全新的真涡虫。

那壁虎断掉一条尾巴，该怎么说呢？不用说，判断标准仍然是，该段是否获得了新的动力学性能。如果该段获得了新的动力学性能，那么就是生。失去尾巴的壁虎，这一段并没有获得新的动力学性能，因而它不是生，它只是逃生。至于那截还在动的尾巴，如果它获得了新的动力学性能的话，就是生；但显然，那截断尾不仅没有获得新的动力学性能，而且还完全失去了壁虎原有的动力学性能，因而它死翘翘了。

例二，克隆是不是生？

判断标准，依然是克隆体是否获得了新的动力学性能。如果克隆体获得了新的动力学性能，那么就是生。例如，绵羊多利就是生。现代生物技术非常发达，几个细胞就能制造出一个克隆体，克隆体不仅是生，而且是否定了原有细胞的新生，它不是"复制品"而是一个全新的生命。另外，克隆体确实是获得了全新的动力学性能，但与母体（提取细胞的生命体，可以是多个生命体）的动力学性能相比较，差异很大。一般而言，克隆体的活力、繁殖、免疫、遗传等动力学性能，大大不如母体。

例三，换心术、换头术是不是生？

推及至人，虽然争议难免，但这样解释也是说得通的。

一个实施换心术的人，是不是生呢？判断标准是"换心人"是否获得了新的动力学性能。如果"换心人"获得了新的动力学性能，那么就是生。事实是，"换心人"并没有获得新的动力学性能，因而他不是生，他只是求生成功。换心之后，"换心人"原有的动力学性能，例如运动、生殖、代谢、遗传、感觉、意识、智能等等，依然没什么变化。即使有轻微的变化，比如心律的变化，那也不是质变。

至于换头术，全世界还没有"换头人"。目前的医学水平仅停留在动物实验的阶段，即使是动物的换头实验手术，也不太成功，但讨论这个问题的时机显然已经成熟了。我们认为，换头和换心还是有本质区别的。换心和换手、换肾、换血一样，病人的动力学性能没有质变。换头不一样，换头会不会带来心智这一核心动力学性能的变化，目前还不清楚。

为避免混淆，我们用"换躯"替代"换头"的说法。换躯手术中，显然病人的脊髓会被换掉，如果换上的脊髓也有活性的话，那么"换躯人"的中枢神经系统将拥有新脊髓的NES和旧人脑的NES，病人的感觉、意识、智能肯定都会发生变化。由于目前没有案例可供研究，因而我们猜测，如果换躯人的原有的动力学性能没有质变，对人而言最核心的心智动力学性能没有质变，那么就不算生。如果换躯人原有的动力学性能发生了质变，例如心智发生了质变，那么就不仅是生，而且是双重否定捐献躯体之人和病人的新生，他是一个全新的人，法律上应该给他颁发出生证明和新身份证。

这里顺便说一嘴，未来，假如换头手术成熟了，那么猿头人身和人头猿身的手术杰作，有没有智能呢？我们大胆预测：猿头人身没有智能，而人头猿身完全可能具有智能。毕竟，智能的决定性器官是人脑，特别是人脑的大脑及其皮层。

101　死亡

再来看看死。与生相对应，死就是物质，尤其是有机物质失去原有的动力学性能的一种存在状态。比如说，精子失去精子的动力学性能，就是精子的死亡；卵子失去卵子的动力学性能，就是卵子的死亡；受精卵失去它刚刚获得的全新的受精卵动力学性能，就是生命的死亡。同样地，病毒死亡就是病毒动力学性能的失去，亦即病毒活性完全丧失；原核生命死亡就是原核细胞动力学性能的失去，亦即原核细胞活性完全丧失；单细胞生命死亡就是单细胞动力学性能的失去，亦即细胞活性完全丧失。

话说到这里，似乎没毛病。但再往下说，到多细胞生命的时候，争议就来了。比如，多细胞植物死亡是怎么回事？多细胞动物死亡是怎么回事？人的死亡又是怎么回事？

一眼看去，分辨一棵植物、一只动物、一个人死没死似乎并不难，但真要细究下去，就会发现问题多着呢。需要注意的是，死和生一样，都是一种存在状态，一个过程，并不是一个静态的时点值。直白点说，死，是有一个过程的，既有死没死的问题，还有死没死干净的问题，甚至还有要死不活、死而复生等问题。

第一个问题，是死没死的问题。我们的判断标准是，是否失去了原有的动力学性能。如果一个生命，失去了原有的动力学性能，那么就是死，至少是走向了死亡。例如枯树、干草、剪下的枝丫等等，它们已经失去了植物植株原有的动力学性能，它们不是植株而是植物生物体了，这就是死。再例如，切得太细的真涡虫、壁虎的断尾，它们已经失去了动物生命原有的动力学性能，它们不是动物生命而是动物生物体了，这就是死。

对人而言，也是这样的。人失去了原有的动力学性能，就是死。问题是人的动力学性能，具体是指哪些性能？有人说是肌体，有人说是心智，还有人说是灵魂等等，颇有争议。总的来说，认为心智运动性能才是人的动力学性能的核心，这一观点目前是主流。脑死亡立法，就是世俗社会认同这一观点的体现。

我们也认同心智运动性能说。我们更进一步认为，运动性能还可以细化为"反映—感觉—意识—智能"四个层级。

对物质来说，失去反映能力就是失去了动力学性能，就是物质死亡。只不过科学家不说物质死亡，而是说物质衰变或湮灭。例如，镭–226衰变为氡–222，就是失去了作为镭的反映的动力学性能，就是镭–226的"死亡"。

对具有反映的生命来说，失去反映能力就是失去了动力学性能，就是死亡。例如，枯树失去对水、对空气、对有机物、对无机物、对辐射等的反映能力，就是失去了树的动力学性能，就是树的死亡。

对具有反映和感觉的低级动物来说，失去反映和感觉能力就是失去了动力学性能，就是低级动物的死亡。例如，切得太细的真涡虫，失去对水、对空气、对有机物、对无机物、对电子式、对辐射等的反映能力，失去了眼点的视觉、皮肤的触觉等感觉能力，就是失去了真涡虫的动力学性能，就是真涡虫死亡。

对具有反映、感觉和意识的高级动物来说，失去反映、感觉和意识能力就是失去了动力学性能，就是死亡。例如，15岁的老狗，失去对水、对空气、对有机物、对无机物、对电子式、对辐射、对声波等的反映能力，失去了眼耳鼻舌身的感觉能力，还失去了狗脑的意识能力，就是失去了狗的动力学性能，就是狗的死亡。

最后，对于具有反映、感觉、意识和智能的最高级生命，也就是只有人来说，失去反映、感觉、意识和智能的能力，就是失去了动力学性能，就是死亡。例如，人失去对水、对空气、对有机物、对无机物、对电子式、对辐射、对声波等的反映能力，失去了眼耳鼻舌身的感觉能力，还失去了人脑的心智能力，就是失去了人的动力学性能，就是人的死亡。

简而言之，我们对死没死这个问题的回答，言简意赅：对只具有反映的生命而言，失去了反映能力就是死亡；对具有反映和感觉的生命而言，失去了反映和感觉能力就是死亡；对具有反映、感觉和意识的生命而言，失去了反映、感觉和意识能力就是死亡；对人而言，失去了反映、感觉、意识和智能能力才是死亡。①

第二个问题，是死没死干净的问题。判断标准是，是否完全失去了原有的动力学性能。如果一个生命，完全失去了原有的动力学性能，那么就是死干净了。例如枯树，它对水、对空气、对有机物、对无机物、对辐射都不能再像树一样反映了，它完全失去了树的动力学性能，就是死干净了。如果一个生命，只是失去了部分原有的动力学性能，那么就是没死干净，至少还有生的可能。以剪下的枝丫为例，有些植物的枝丫，例如绿萝，原有的动力学性能几乎都能保留；有些植物的枝丫，保留有部分原有的动力学性能。此时我们说这些枝丫死是死了，但死得不够干净，都还有或多或少的生的可能性。动物也有没死干净的问题。一些动物失去脑袋之后不仅还能"活"着，甚至还能做一些事情，例如完成交配。"打不死的小强"蟑螂，即使是脑袋搬家，也能强撑一个星期。大家常吃的鸡，极特殊情况下失去鸡头，也能再"活"一段时间。

对人而言，也是这样的。人，完全失去了原有的动力学性能，就是死干净了。比如人完全失去对水、对空气、对有机物、对无机物、对电子式、对辐射、对声波的反映能力，完全失去眼耳鼻舌身的感觉能力，完全失去人脑的心智能力，就是死干净了。

以前检查一个人是否死亡，往往会探其鼻息，这就是在检查对空气的反映能力。急救状态下检查人是否死亡，往往会翻其眼睑，这就是在检查视觉的感觉能力。现在医院检查人是否死亡，是以脑电波检查作为依据的，这就是在检查心智

---

① 套用笛卡儿的名言"我思故我在"，这里可以说：对只具有反映的生命而言，"我反映故我在（活着）"；对具有反映和感觉的生命而言，"我反映感觉故我在"；对具有反映、感觉和意识的生命而言，"我反映感觉意识故我在"；对人而言，"我反映感觉意识智能故我在"。

能力。

反之，如果这个人还具有哪怕一点点的感觉或心智能力，都不能说这个人死干净了。比如，植物人失去了最核心的动力学性能——心智能力，已没有意识、知觉、思维等高级神经活动，脑电图呈杂散波。但病人仍有代谢、呼吸、心跳、血压等，甚至有咳嗽、打喷嚏、打哈欠等行为。即使是脑死亡的病人，仍然可能有血液循环，也就是具备对有机物、对无机物的反映能力，也就是还具有一丁点儿人的动力学性能。这个人仍然有生的可能，只是现在医学水平还不够而已。

从哲学上来看，死亡一定是有物质标准的。曾经，人们认为躯干死亡就是死亡，那时的判断标准是看四肢还能不能动；后来，人们认为心脏死亡就是死亡，判断标准是摸还有没有脉搏；目前，人们认为脑死亡就是死亡，判断标准是检查脑电图是不是一根直线。未来呢？未来的判断标准，会不会是遗传物质的活性，甚至是心智物质的活性？

102　什么是性命

我们认为，生命就是有机物质运动的动力学性能展现，也可以说是永恒运动的有机物质在推动着生命展现其动力学性能。遵从有机物质法则，维持动力学性能，就是维持生命的稳态性。因此，生命非常重视自身的稳态，生命绝不会轻易使自身解体。

这一点展现在自然界，就是可以观察到一个普遍现象：生命非常重视生命本身，每个个体都会拼命地维护、延续本生命个体，没有谁会轻易地放弃、终止本生命个体。翻译成大白话就是：所有的生命都拼命地活，所有的生命都怕死！

重视本个体生命，这一点可以理解为"命"；在重视个体生命的过程中，集体展现出来的对种群生命的重视，这一点可以理解为"性"；以上两点合起来就是要讨论的"性命"。因此，性命就是对生命的重视，重视个体生命是命，重视种群生命是性；性命就是生命的稳态，个体生命稳态是命，种群生命稳态是性。

103　几个有关性的话题

性只是重视种群生命的表现，只是种群稳态性的表现，这样看起来性就是自然现象，就是一种物质推动力，就是生命的一种动力学性能，似乎没有什么特别之处。那么问题自然而然地来了，为什么会有性快感和性高潮呢？为什么有些人会乐此不疲呢？为什么有些动物，甚至是极个别人，会为了性而不要命呢？

104　性快感、性高潮和不要命的性

第一个话题，性快感是怎么回事？性快感是一种感觉，当然也是NES。

第一个层面，十多亿年前，多细胞生命才演化出了有性生殖，因此并不是所有的生命都有性。对无性生命而言，别说性快感了，连性是什么都不知道。例如细菌、真菌、单细胞生命等。

第二个层面，并不是所有的生命都有感觉，因此对没有神经的生命而言，有性活动，但却没有性感觉，当然更谈不上性快感。比如所有的植物。

第三个层面，即使有性感觉，也并不是有性感觉的动物都有性快感。我们知道，进化到多细胞动物时才出现感觉神经，此时动物进行性活动，理所当然会有性感觉。但有性感觉，并不代表就有性快感。比如鱼类有感觉神经，它们进行性活动（主要是产卵繁殖），理所当然会有性感觉。但大多数种类的鱼，在产卵繁殖时，雌雄个体根本就没有身体接触，它们各自把握时机排完精子和卵子就算完事了，哪个环节能产生性快感呢。

从自然界还可以观察到，动物的性行为遵循着严格的自然法则。例如，多数动物只在发情期才有性行为，非发情期对异性几乎毫无性趣，甚至对交配都毫无兴趣。更有甚者，一些捕食性很强的独居动物，如狼蛛等，在非发情期邂逅的话，不仅不会发生艳遇，反而会"刀光剑影"互相猎杀。还有，就算有性快感，也不代表交配双方都有性快感。一些动物的性器官构造奇特，例如雄性猫科动物的阴茎上长满倒刺，交配时雌性猫科动物哪有快感可言。管中窥豹，可见一斑：雌豹在交配时表情痛苦，一般会回身抓咬雄豹，这也是雄豹在交配时一定会咬钳

着雌豹后颈的原因。

可见，绝大多数动物不会因为纯粹地追求性快感，而从事"不自然"的性活动；换言之，绝大多数动物的性活动并不是追求性快感；绝大多数动物的性行为，只是由激素等物质催发的、自然的、本能的行为而已。

第四个层面，雌雄动物的性快感。大自然确实存在少数动物，因为有性快感而发展出不以繁殖为目的的性活动，包括打破自然法则在非发情期交配等。这类动物多是群居高级动物，因为这些高级动物神经发达，性敏感部位多，性刺激丰富，它们更容易觅得性快感；又因为群居动物容易找到异性，交配机会更多，同时性快感还可以强化成员间的关系。观察这些群居高级动物的交配行为，发现不论是雌性还是雄性，都可以表现出闻嗅、挨擦、舔舐、亢奋、嘶鸣、抽搐、射精/涌潮等现象，显然是有性快感的。雌雄高级动物在性活动中觅得性快感是自然现象，这和它们通过嬉戏、捉虱子、梳理毛羽获得愉悦感是一样的，都是本能驱使下后天习得的技巧。

紧接着，**第二个话题**，性高潮是怎么回事？

单就性高潮来说，如果刨根问底的话，性高潮其实是指向雌性的。因为在性活动中，雄性的性高潮是以射精为标志的，因此说雄性高级动物天生就可以有性高潮。所以此时谈论的性高潮，其实是指性活动中的雌性参与者，是否有性高潮。

如果性高潮指向性活动中的所有雌雄参与者，那么，哪些动物有性高潮呢？大自然里有性快感的动物本就很少，有性快感还不一定就有性高潮，因而有性高潮的动物极少。人类无疑有性高潮，倭黑猩猩也可能有性高潮，除此之外的动物可能都没有性高潮。

为什么只有人和人的近亲之一倭黑猩猩有性高潮呢？生理医学给出的解释是这样的。长期直立行走，使得人和倭黑猩猩的性器官发生变化。性器官由背后可见变为背后不可见；性器官朝向身体肚腹一侧暴露，耻骨外凸。性器官位置和结构的变化，一方面使得性器官里的性感神经慢慢发生变化，另一方面还带来性交体位的变化——"传教士"体位。因此，人在采取"传教士"体位这种"不自然"的体位性交的时候，相互刺激的部位和方式跟一般动物不同了①。比如，采用"传教士"体位时，显然会自觉不自觉地增加对乳房、嘴唇、双腿内侧的刺激和开发；而采用一般动物的背入式体位时，这些敏感部位往往会被忽视。

总之，不仅是性交体位增加，性敏感部位也增多了，性刺激更加丰富了。慢慢地，人类，尤其是女性，后天习得了从性交中找到性高潮的秘密。倭黑猩猩也是这样的，动物中只有倭黑猩猩的直立行走方式与人类最为接近，群居高级动物中也只有倭黑猩猩能采用"传教士"体位进行交配。

除了医学解释，动物学家也做了观察验证。当然，人类有性高潮是人尽皆知的，无须观察验证。动物学家对倭黑猩猩性活动的观察研究发现，倭黑猩猩确实具有不同于一般动物的性感觉，它们的性行为与人极为相似。例如，它们的交配是杂乱的，在性行为上没有居于统治地位的雄性或雌性；它们会进行"不自然"的交配活动，发情期和非发情期没有差别；它们会进行交配前戏等性活动；它们也会通过性活动尤其是交配来改善关系，甚至会通过"性外交""性贿赂"来化解暴力冲突；最重要的，倭黑猩猩交配过程中的体位、动作、表情也与人类极为相似，例如关注对方、互相抱持、咧嘴喘息、飘飘欲仙、心满意足等。

第三个话题，看看是谁会为了性而不要命。

宽泛来看，生物界中为了性而不要命的现象比比皆是，也许自然法则就是性比命更重要——种群的性优先于个体的命。比如植物界，很多植物终生仅繁殖一次，开花结果之后就凋零而死，它们的一生似乎就为着种群的开枝散叶。一些叶片枯瘦的植株会拼命开苞怒放，一些枝干瘦弱的植株几乎被果实压断枝丫，**它们都不要命地展现着繁殖"性"**。动物界也是如此，单次繁殖的动物种类也不少，比如蜉蝣、蚊子、雌性章鱼、雄性棕袋鼩等等。仔细观察动物还可以发现，它们都倾向于保留必不可少的、核心的动力学性能模块，对任何多余的功能模块都会放弃，哪怕是放弃尾巴、耳朵、眼睛、口器、性器等等，最极端的连命都可以放弃。

举几个特例来看一看。解剖和研究特例，有助于了解一般。

---

① 有些医学专家认为，人类男性学会了刺激女性的G点（G-spot），这会引起女性高度性兴奋及性高潮，但学界对此尚无共识。

比如，群居动物蜜蜂，它们的生物分工极为严格细致。工蜂负有防卫职责，为此工蜂进化出一根仅用于防卫的螫针，这根毒刺一生只能用一次，所以工蜂蜇刺的行为，实际上是**为了防卫"性"而不要命的行为**。雌性章鱼、雌雄大马哈鱼产卵之后都会死去，这一行为也是**为了繁殖"性"而不要命的行为**。

性比命贵——这也能解释一些动物疯狂的、自杀式的交配行为。例如，有些动物的雄体只为交配而生。某些蛱蝶的雄体，天生就没有口器，无法进食，它破茧成蝶的唯一使命，就是尽可能多地去与雌蝶交配，一旦精力耗尽它的命也就走到了尽头。短暂的命，仅仅为性而存活的例子，还有很多。马岛缟狸也叫马岛灵猫，其雄性一次性交可以长达14个小时，直到"精尽猫亡"才会停止这种疯狂的行为。马岛灵猫在其生命的最后两三个星期，才会这么疯狂，长时间连续交配之后，它会出现免疫系统失灵、体内出血以及皮毛脱落，最后全身坏疽而死。

可见，自然界确实以奇怪的法则交织结合着性和命这两股动力学性能的澎湃力量。有些动物和人在失去性爱后，如物理阉割、天生缺陷等，反而能够获得更长的寿命。而有些动物包括极少数人，却宁可冒着不要命的风险，也要疯狂性爱。

动物包括极少数人性爱至死，虽然可怕，但还没有性食同类这么恐怖。

雌螳螂"洞房吃夫"，应该是最广为人知的例子了。这里大家肯定会困惑：头都被吃掉了，雄螳螂不就死了吗，怎么还可以与雌螳螂完成交配？跟人类不同，螳螂控制交配的神经不在头部，而是在腹部，因此断头后的雄螳螂仍能继续交配。低级动物中性食同类的现象并不罕见，除了螳螂之外，还有蜘蛛、蝎子、摇蚊等等。高级动物如蛇类中，也存在性食同类的现象。最典型的是绿水蚺，雌蚺在繁殖期会与二三十条雄蚺交配，交配结束后常常会把最后离开的雄蚺吃掉。

不过，大家应该也看出来了，性食同类的现象与雌雄个体的意识没有关系，而只与雌性饥饿的感觉有关，或者与雄性经验与技巧不足、操作失误有关。因为一些雄性操作得法，也能及时逃命；另外，雌性在已经吃饱的情况下交配，也不会去冒险捕食雄性同类。

105　性别错位是咋回事

第四个话题，性别错位是怎么回事？性别错位，也就是性别认同障碍，医学上称为性别错位症。

对动植物而言，我们不会说动植物患上了性别错位症，只会说动植物出现了性别转换现象。植物和动物都有性别转换现象。单看动物性别转换，一般而言，低级动物的性别区分没有高级动物严格，因而出现性别转换的机会要大于高级动物。这应该归因于从低级动物到高级动物，动物雌雄性腺细胞之间的功能区分越来越严格了。比如说，卵生物种的卵是不分雌雄的。鳄鱼孵化时，如果温度超过30℃，孵化出的基本都是雌鳄。蛋鸡养殖场通过控制孵化温度，可以保证孵出的绝大部分鸡苗都是母鸡。更有甚者，一些物种如沙蚕、牡蛎、黄鳝、红鲷鱼等，竟然可以改变性别，而且还不止改变一次，是可以改来改去。相比较而言，胎生物种性别区分较为严格，几乎没有性别转换现象。

当性别错位现象发生在我们身上时，就和精神病有很多相似点。比如，其他高级动物较少出现性别错位，这与自然界的残酷淘汰机制有关系。因为性别错位的动物个体很难获得遗传机会，其基因会被淘汰，存活下来的自然都是性别不错位的。人界就不一样了，人类中发生性别错位的概率较高，社会学统计的数据是10%，病理学和医学界认为还不止10%。目前认为，导致性别错位的主要因素有先天遗传因素和后天心智因素。无论是遗传因素还是心智因素，都是物质原因，也就是说，性别错位症是由某种遗传物质或NES物质导致的。这一点，与精神病等心智疾病，是一样的。

106　如何解释自杀现象和牺牲现象

第五个话题，如何解释人和其他动物中的自杀现象和牺牲现象？

既然说所有的生命都拼命地活，所有的生命都怕死，那么，该怎么解释自杀现象和牺牲现象呢？按照心智物质说，自杀和牺牲当然也是物质催发的行为，都是生命体内某种生物化学物质或者是NES物质导致的。

自杀和牺牲这类现象主要发生在人界，其他动物中较少观察到自杀现象和牺牲现象。其他高级动物中偶尔能观察到疑似自杀或牺牲的行为，低级动物中则极为罕见。

先易后难，先看看低级动物中的类似行为。

比如说，低级动物中常见的分裂繁殖是不是自杀和牺牲？因为在这种无性繁殖过程中，母体分裂成两个或多个大小形状相同的新个体，对母体而言，它已经完全失去了母体的动力学性能，母体已经死了而且尸骨无存地死干净了——母体身体的绝大部分都被子代个体利用了。此时可以看到，母体事实上就是在"自杀"、在"牺牲"。母体为什么会这么做呢？这难道不是违背了"所有的生命都怕死"吗？

现代生物学对分裂繁殖已经研究得很透彻了，可以很好地回答这个问题。以草履虫为例。草履虫细胞内有大小两种类型的核，小核是生殖核，大核是营养核。在草履虫进行分裂繁殖时，小核行核内有丝分裂，大核则行无丝分裂，接着虫体从中部横缢断开分成两个新个体。显而易见，是营养物质推动草履虫母体成熟，加上外界物质环境如温度的刺激，草履虫母体不得不分裂，或者说草履虫母体"寿命"和"气场"到点了，不得不分裂而死。此时，草履虫母体失去个体生命的稳态，即命的动力学性能——母体死亡；展现种群生命的稳态，即性的动力学性能——裂生出新的草履虫个体。如果一定要说草履虫母体的行为是自杀或牺牲行为的话，那么必须要明确，就是这种行为纯粹是物质推动的，并不是草履虫母体自愿的。

除人以外的个别高级动物中，确实偶尔能观察到疑似自杀或牺牲的行为。例如，洄游大马哈鱼完成繁殖后，雌雄个体都会死去。如果说这一类行为纯粹是体内激素物质推动的，并不是动物自愿的话，那么，动物在护崽行为中表现出来的牺牲精神甚至是自杀行为，则确实震撼人心。

护崽现象多见于高级动物，尤其是卵生、卵胎生或胎生动物中较为常见。虽然动物的护崽行为震撼人心，但仔细观察就会发现，无论动物如何英勇护崽，它们很少自愿献出亲代的命，或者说，亲代不会冒失去命的危险去护崽。亲代的行为是有进化理由的：因为对高级动物而言，亲代死去则未成熟的崽一般也活不了；另外，即使失去这一代的崽，亲代还有再次繁殖幼崽的机会。至于观察到的，亲代挡在子代前面被猎杀的景象，那都是亲代操作失误。还有，在新闻里经常看到的"海豚集体搁浅自杀"等，动物学家认为与海豚的电磁导航信号误导有关，还有一种可能是深海高功率声呐装置闯的祸，那不是海豚自杀而是人类他杀。

总之，不管其他动物中是否存在真正的牺牲行为或自杀行为，动物表现出的疑似的牺牲和自杀行为，都不是动物自愿的，都是物质催发的行为，都是动物体内某种生物化学物质或者是NES物质导致的。

但人类就不一样了，人类存在真实的自杀和牺牲现象，而且确实有自愿的。

尽管我认为自杀和牺牲是两回事，但为了叙述方便，在这一节我还是采用社会学家涂尔干的观点，将牺牲理解为"利他型自杀"。涂尔干认为，利他型自杀是指在社会习俗或群体压力下，为追求某种利他目标而进行的自杀。比如，疾病缠身之人为避免连累家人而自杀等。涂尔干还认为，在原始社会和军队里这类自杀较多，比如原始献祭牺牲和士兵自杀式冲锋等等，在现代社会里利他型自杀则越来越少。总之，这样一处理，自杀就包含了牺牲。

自杀一定是有意识的行为，也就是说自杀一定有意识（心理）因素。我们认为，自杀是指个人在复杂心智活动作用下，蓄意或自愿采取各种手段结束自己生命的危险行为。更准确来说，是人脑经历复杂的心智活动，产生了一个浓郁的NES，个人按这个浓郁信号的指令行事，表现在行为上就是自杀。自杀是有意识的行为，其物质诱因是人脑的NES。如果既不能采取措施阻止这个信号的产生，也不能采取措施及时稀释这个浓郁的信号，那么结果一定是悲剧。这就是为什么会有人选择自杀。

至于为什么只有人才会自杀，那是因为只有人才有抽象意识。只有人，才会将自杀与某个目的错误地关联起来。自杀者想通过自杀达到的目的，有可能是反常的、反社会的、抽象的，比如殉教、殉情、超度、彻底解脱、减轻家人的痛苦等。所以，如果没有抽象意识，就不会有自杀意识。比如，其他动物都不具有抽象意识，所以没有真正的自杀行为；能人和直立人也不具有抽象意识，因而他们也不会有真正的自杀行为。即使是现代人，如果抽象意识稀薄，那么也不会有自杀意识——浓郁的自杀NES；也就是说，稀薄的抽象意识不足以形成浓郁的自杀意识。比如，婴儿、孩童以及智障患者的抽象意识稀薄，所以他们不会自杀。再比如，一项追踪研究发现，普通智商人群的自杀率显著低于高智商（智商151以上）人群，高智商人群的自杀率是普通智商人群的四倍，所以我们的直觉就是包括政要、作家、哲学家、艺术家和投行高管在内的高智商者，似乎遭受自杀困扰的较多。

预防、减少和干预自杀，一方面要努力阻止自杀意识的产生。另一方面，在个体已经产生自杀意识——浓郁NES的时候，要积极干预，想方设法稀释这个浓郁的信号。例如，组织亲朋好友采取心理和物理干预，寻求专业人士的疏解等。

对于传染型自杀，更要加强预防和干预。例如，加强传媒的管控，尤其要禁止详细报道自杀过程和自杀方法，禁止强调自杀者的知名度和社会影响，禁止误导性宣传等。

107 物质爱情

现在，心智是物质的，生死性命是物质的，那么，该怎样认识美妙的爱情呢？

此刻说爱情只是人脑输出的一种浓郁的NES，是个人按这个浓郁信号的指令行事，表现出来的一系列行为，估计不会一片愕然吧。毕竟我们已经解释了很多心智活动现象了，理解爱情是个物质现象，并不比理解文学、宗教是个物质现象更困难呢。

爱情，多么美好啊，每一个青少年和成人都憧憬的体验。爱情是个体与个体之间的强烈的依恋、亲近、向往等情感，以及利他的意识等。从这个定义可以看出，爱情是感觉和心智的混合物。如果一个人完全失去心智，我们肯定他/她不会有爱情；如果一个人完全失去感觉但仍有心智，我们一般认为其仍可能会有爱情。

爱情通常包含情爱和性爱两部分。一般来说，情爱是爱情的根本与核心，情爱是爱情的灵魂，性爱是爱情的附加。其他动物因为只有性爱无情爱，所以一般不认为动物之间有爱情。对人而言也是一样的，如果只有性爱无情爱，我们也不认为这是爱情，有时还会指责这是追求感官刺激，是发泄兽欲，是伊壁鸠鲁主义。一般情爱和性爱是糅合在一起的，但也有只剩情爱无性爱的爱情案例，此时我们还会颂扬这是追求精神共鸣，是灵魂真爱，是柏拉图式的爱情。情爱主要体现在人的心智层面，而性爱主要体现在人的感觉层面。不管是心智层面的情爱还是感觉层面的性爱，都是NES物质，它们都是物质的。人们按照这种NES的指令行事，那就是在爱、在恋爱，那就是爱情。

如果将爱情二字拆开，分为爱字和情字，加以揣摩的话，就会发现：低级动物无情无爱，其他高级动物有情无爱，只有人有情有爱。情是自然之物，爱是造作之物不是自然之物。爱，是智人提炼概括出来的抽象意识。动物都没有抽象意识，当然没有爱。禽兽都是有性但无性爱、有情但无情爱的，它们怎么可能有爱情。爱和爱情，属于高阶心智，只有人有爱和爱情。虽然人能体会到爱，也确实有爱情，但由于爱毕竟还是抽象之物，是来虚的、虚构的、抽象的，所以千百年来，总是有很多人哀叹"爱是虚幻的，就像一场梦，再也不相信爱了"！

一个人为什么会对另一个人（也可以是多个人）产生强烈的依恋、亲近、向往呢？

这是因为人与人之间发生了反映——当然是物质反映。这些物质反映，包括对水、对空气、对有机物、对无机物、对电子式、对辐射、对声波的反映。在这七大物质反映里，最容易诱发爱情的是对辐射的反映，具体来说就是视觉。这就是常说的"一见钟情"的"见"，"眼缘"的"眼"。其次是对声波的反映亦即听觉，如银铃般的女声、磁性的男声等。当然，青年男女有了那个意思之后，对电子式的反映亦即触觉，则往往爆发力惊人，有如干柴烈火，能推动情感急剧升温。例如拥抱、抚摸、接吻等电子式反映。

发生反映是催生爱情的前奏。眼耳鼻舌身捕获的信息转化为NES，经神经回路传递至人脑，人脑调用存储的漂亮/潇洒、熟悉、美好、暧昧等正面情绪参与进来，这样一"加料"就形成了依恋、亲近、向往的新的NES。这个新信号经神经回路下达，人体按其动力学指令行事，就会"来电"，就会两眼放光、面颊潮红、心跳加快、周身发热、莫名激动等。

物质爱情观，也有脑科学和生物学的证据支持。首先，爱情的产生是有年龄规律的，一般是青少年和青壮年时期容易滋生出爱情。其次，爱情本身也有一个发展的过程，即滋生、浓烈、消退的自然过程。也即爱情有一个从无到有到无、从弱到强到弱的自然过程。社会学统计显示，爱情滋生之后，可以在短时间内迅速升温，趋于浓烈；大约15个月后会日益稀释淡薄；十年之内（也有说是七年之痒）会最终消退。这些都说明爱情是物质现象，爱情是物质的。

最后，来看看除了NES物质之外，还有哪些具体的生物化学物质，影响着物质爱情。人脑形成的包含了依恋、亲近、向往的信号，它作用于人体，会刺激人体分泌一些物质，主要有神经递质、皮质醇、睾酮、雌激素、多巴胺、五-羟色胺、去甲肾上腺素、血清素、催产素、后叶加压素、内啡肽等。经过科学家的努力，这些微量物质在爱情中的具体作用，甚至都已经罗列出来了。比如，去甲肾上腺素导致手心出汗和心跳加快，五-羟色胺导致心智失常即意乱情迷，催产素带来爱和恨即爱恨交加等。

所以说，两个人脑内同时萌发爱的NES物质，就是互生情愫。一个人脑内萌发了爱的NES物质，另一个人脑内没有这个物质，就是单恋单相思。两个人脑内爱的NES物质都趋向浓郁，就是热恋热爱。一个人脑内爱的NES物质还很浓郁，另一个人脑内爱的NES物质却已稀薄甚至发生了转换，就是失恋苦恋和移情别恋。两个人脑内爱的NES物质都趋向稀薄，或者都发生了转换，就是结束爱情和做回路人。

"问世间，情是何物？"[1]现在可以回答元好问的问题了。如果元好问问的是情感的话，高级动物大雁也有情感，因而为雌雄大雁建坟立碑，纪念它们的情感是合适的。如果问的是爱情的话，只有智人具备爱、爱情、爱情观，大雁没有这些抽象意识，因而纪念大雁"夫妇"之爱就是无稽之谈，那不过是当年年仅16岁的文艺小青年元好问的一种寄托。

在此，把**性**、**欲**、**情**、**爱**小结一下（如表6）。性，属于生命的反映层次，所有的生命都有性，比如繁殖性、稳态性等。欲，这里主要是指肉欲兽欲，属于动物的感觉层次，具有神经的动物才演化出了欲，因此细菌、真菌、单细胞生物、植物等都没有欲。情，属于高级动物的意识层次，因此细菌、真菌、植物、低级动物都没有情。爱，属于智人的智能层次，智人之外的所有生命都没有爱。仅看动物世界，低级动物，有性有欲无情无爱；高级动物和非智人种，有性有欲有情无爱；只有智人，有性有欲有情有爱。性、欲、情，都至少经历了数亿年的

---

[1] 出自金代元好问的《摸鱼儿·雁丘词》。

演化积累，所以动物和人能平滑适应；而爱，只有十多万年的演化时间，所以我们常有适应障碍。从表象上来看，性欲情是很具体的、具象的，看起来就是自然的、欢快的喜剧细节；而爱却是空洞的、抽象的，想起来常常是不自然的、忧伤的悲剧篇章。

表6 性、欲、情、爱对照表

项目	所属层次	生命	演化时间	适应情况
性	反映层次	所有生命	30多亿年 从有性生殖算起也有10多亿年	先天自然适应
欲	感觉层次	具有神经的动物	至少5亿年	先天自然适应
情	意识层次	高级动物	4亿年	后天平滑适应
爱	智能层次	仅智人	20万年	需调整适应，时有障碍

108 物质婚姻

说爱情是物质爱情，那么婚姻难道也是物质婚姻？

如果仔细观察过婚姻现象，并能检视一下人类婚姻的历史长河的话，你可能会说：哦，天啦，婚姻竟然是一种物质现象。

婚姻，泛指适龄男女（少数国家认可同性婚姻）在物质和精神层面结合在一起，取得法律、伦理、医学、政治等层面的认可，共同生产生活的一种社会现象。我们知道，婚姻并不是从来就有的，人之初并没有婚姻。那么，婚姻是怎么产生的呢？这得去先民生存的物质环境，包括心智这种特殊物质的环境里，寻找答案。

宽泛来说，智人诞生之后肯定是行杂乱婚的。杂乱婚是对猿类杂乱性关系的继承，杂乱婚还谈不上是真正的婚姻。那时，智人群落生产落后，没有什么剩余物，智人之间也没有什么经济关系，因而此时杂乱婚主要约束的是交配关系。群落里有居于高阶地位的男智人，但和雄猿一样，高阶地位的雄性并不能独占所有的交配机会；而女智人也和雌猿一样，可能会选择中低地位的男智人交配；和猿类一样，亲子交配是禁止的，但兄妹交配则广泛存在。

经过慢慢发展积累，一些智人群落的生产力逐渐提高，人口越来越稳定，生产活动范围也趋向固定。周边的智人群落也会经历这样的发展历程，他们也一一稳定下来。由于沟通和管理幅度的限制，早期的智人群落不可能太大，一般也就百十号人，因而群内成员几乎都是血亲关系，这就是早期的氏族。群内杂乱婚，已经不符合生物进化要求了。又因为大家不再游荡，都慢慢稳定下来，神圣的群际边界形成了，私越边界后果严重，因此群际杂乱婚也难以实现。现在，该怎么解决交配繁殖问题呢？

每当这时，人类中的聪明人就会挺身而出，他们调动抽象意识，发挥智能优势，拿出了解决方案：群体婚。

群体婚，是指早期智人部落之间，互相交换适龄男女的一种原始婚配形式。群体婚是真正意义上的婚姻，它包含了婚姻的一切要素。例如适龄男女、首领或长老的许可、交换男女的数量和财物的数量、相应的仪式等等。

如果说杂乱婚是无夫无妻的交配解决方案的话，那么群体婚则是多夫多妻的婚配解决方案。如果说杂乱婚毫不掺杂财物因素的话，那么群体婚则已经开始讨价还价了。如果说杂乱婚是自然形成的，带有浓郁的动物性，那么群体婚则显然是人为设计的，已经开始显现人性。

设计群体婚的人，都是人类中的智者，有些还被后人尊为圣人，例如中国的伏羲氏和黄帝。这些人将其由个人的抽象而来的婚姻意识，成功转化为群体心智，这就是婚姻观。所以说，婚姻是一种意识，来源于人类智者和圣人的心智，也就是圣人的法则；通过宣传教化，当它转化为群体心智时，就是婚姻观。

这也解释了为什么不同历史时期、不同地域、不同族群甚至不同性别之间，婚姻观竟然如此不同。

历史文化学者相信，婚姻最初是杂乱婚，后来是群体婚，再后来才是配偶婚。而配偶婚，也经历了一妻多夫和一夫多妻，并最终发展到一夫一妻的过程。我们今天终生坚持一夫一妻的单配关系，这在其他动物中是极为罕见的，即使是高级的哺乳动物中，也只有不到3%会形成单配关系。所以说，如果没有婚姻观这种心智物质的强力维系，现代人一夫一妻的单配关系，恐怕是坚持不下去的。

不同地域的婚姻观相差很大，比如草原地带与农业地带的婚姻观就相差很大。草原地带曾经盛行掠夺婚、交换婚、收继婚、奴役婚等。王昭君先嫁单于、后配其子的婚姻经历，就属于收继婚。而农业地带，如中国长城以南，很早就推行一夫一妻的配偶婚，只不过执行得并不严格，演化为事实上的一个主妻若干从妻的一夫多妻而已。从妻有妾、媵女、伺婢等。比如，地位很低的童养媳是主妻人选，而看似地位颇高的通房丫头却是媵女。

至于男女之间的婚姻观的差异，相信入过围城的人都有体会。如果你还没有走进过围城，那么请你做好思想准备亦即心智准备。

总之，婚姻就是一种意识，意识是物质的，婚姻当然也是物质的。婚姻是智者和圣人，将其个人的婚姻意识转化为群体婚姻意识——婚姻观的结果。婚姻观就是人脑产生的NES的固化，人脑里有婚姻这种信号物质，按其指令行事，就会走进婚姻，或者对婚姻现象指指点点。

109　家庭观

爱情和婚姻都出现了，家庭自然而然也诞生了。家庭确实诞生得很早。当男性在生产生活中起到主导作用的时候，即男性劳动所得开始显著超过女性的时候，家庭就开始出现了。

采集时代，因为在收集种子、块茎、果实方面更有耐心，所以女性的劳动所得超过男性，此时与母系社会时期相当，那时是没有家庭的。游猎时代，女性采集所得较为稳定，依然比经常空手而归的男性猎手贡献更大，此时家庭也还未萌芽。

到了渔猎、游牧和农耕时代，男性的体格优势开始显现，他们的劳动所得开始显著超过女性，此时与父系社会时期相当。更为重要的是，随着生产工具和生产方式的改进，人们每天劳动所得开始出现少量剩余，私有物和私有财产开始出现，私有意识也慢慢形成了。此时男性在生产生活中占主导地位，出于雄性的本能，为了确保这些私有物仅为自己的后代享有，他们需要稳定的婚姻关系和准确的亲子血缘关系，家庭也就自然而然地诞生了。

如果说爱情与私有制、私有财产没有直接关系，那么婚姻和家庭则与私有制、私有财产直接相关。在《家庭、私有制和国家的起源》一书中，恩格斯一针见血地指出："只要婚姻的首要性质还是一种财产关系，真正的爱情就只有发生在婚姻之外。""由于母权制的倾覆、父权制的实行、对偶婚……被永久化确认，个体家庭成为新的力量并在与氏族的对抗中获得胜利。"

随着社会的发展，很多新的变化挑战着传统家庭观念。比如，妇女平权，避孕技术提高，无生育性行为，离婚率攀升，轻资产化和资产货币化、数字化，无现金社会，网络虚拟生活等等，这些都对家庭观念有影响。传统家庭观念里，经济关系居首、姻亲关系居次、情感关系居末。所以以前联姻成家讲究门当户对，《红楼梦》里不在乎近亲结婚，更不在乎贾宝玉与薛宝钗之间有没有爱情。而现代家庭观念，倒了个个儿，向着情感关系居首、经济关系居末演化。所以一些老派的家长对子女"裸婚"成家急得跺脚、气得发抖，而他们新潮的子女却一副真爱在手天下我有、腻歪"月光"满不在乎的样子。正是注意到了家庭观的发展变化，社会学家及时修订了家庭的定义。现代家庭，是指在婚姻关系、血缘关系或收养关系基础上产生的，以情感为纽带，亲属之间所构成的社会生活单位。

从上可知，家庭并不是从来就有的，人之初也没有家庭，它是私有制出现之后才慢慢出现的，是婚姻发展到配偶婚的时候才出现的。与婚姻一样，家庭也不是自然之物，而是智者和圣人的造作之物，是圣人的心智法则。家庭是智者和圣人，将其个人的家庭意识转化为群体家庭意识——家庭观的结果。家庭观就是人脑产生的NES的固化，我们按其指令行事，就会组建和维系家庭。

顺便把**爱情、婚姻、家庭**小结一下。智人建立的社会，上古时期就有爱情了，但还没有婚姻和家庭。中古和近古时期，婚姻和家庭渐次都有了，但爱情因为被圣人的法则禁锢，却越发淡薄了。现当代社会，人们重新重视爱情，但婚姻和家庭却越来越不稳固了。未来社会嘛，爱情很可能还是必需品，婚姻和家庭有可能沦为"鸡肋"，也可能发生变化，演变出新的婚姻模式和家庭结构。

110 权力意识

其他动物没有权力一说，人之初也没有权力一说，权力和权力意识是人类后天慢慢发展出来的。

权力，是人与人之间的一种特殊影响力，是一些人的意识影响施加于另一些人的能力。权力是施加方意识对被施加方的意识和行为的影响，度量这种影响的尺度就是权力。智人形成自我意识和抽象意识之后，权力意识才开始萌芽。

权力主要来自习俗、道德、法律。最早的权力，自习俗中萌芽。例如父母对子女的管教支配权力。其次，权力来自道德，这种权力几千年来一直在唱主角。例如夫对妻的性权力。分封和集权社会里，源自法律，包括世俗法律和宗教法律的权力，其威力越来越大。例如宗主接受藩属朝贡的权力、教皇征收"十一税"的权力等。近现代社会，道德和习俗的威权下降，法律权力逐渐成为社会公权力的主角。例如总统的权力。

但要注意，权力的大小和权威的大小不是一回事，权力、权威和尊敬更不是一回事。所以恩格斯说："文明国家的一个最微不足道的警察，都拥有比氏族社会的全部机构加在一起还要大的权威；但是文明时代最有势力的王公和最伟大的国家要人或统帅，也可能要羡慕最平凡的氏族酋长所享有的，不是用强迫手段获得的，无可争辩的尊敬。"

权力是广泛存在的社会现象，不论人们怎样理解和解释权力，权力与产生它的母体——习俗、道德和法律——一样，都是一种意识，意识是物质的，权力意识当然也是物质的。权力是一些人将其意识之中的影响，施加于另一些人的能力。权力是权力施加方人脑产生的NES的固化，将这个信号施加于被施加方，就是行使权力；被施加方人脑接收这个信号，按其指令行事，就是服从权力；相反，当然就是反抗权力。至于权术，纯属阴谋诡计，更是典型的NES物质。

没有人头脑里天生就有权力的NES物质，没有人天生就有权力欲。权力观是人们头脑里后天形成的一种NES物质，具有这种物质，就有这种权力意识，不具有这种物质，就没有权力意识。突然宣布由你来当总统，你也不一定立即就有了总统的权力意识。总统任期到了，他头脑里的总统权力意识的NES，也不一定马上就稀薄微弱了。

111　金钱观

其他动物没有金钱一说，人之初也没有金钱意识，只有现代人后天慢慢发展出金钱、货币，以及拜金意识。

权力是意识影响程度的度量尺度，参照这个定义方法，它的孪生姐妹金钱就是意识贵贱程度的度量尺度。

所以说，不论怎样丑化或美化金钱，金钱都是贵贱意识的结晶。如果不相信金钱是意识的，只需要做一个实验就明白了。把你所有的金钱，比如金子、银子、纸币等，都施舍给一只狗，或者是一个早期智人，甚至是一个婴儿试一试，你就知道金钱的实质了。金钱，对金钱意识为零的其他动物或人来说，毫无意义。

人类社会发展到一定阶段后，一些人的人脑中抽象出了贵贱的意识，这些人将其人脑中的贵贱意识，转化为整个族群、整个国家或地区的贵贱意识，慢慢地就在一定地域和人群中形成了共同的金钱观。金钱就是个人贵贱意识转化为集体金钱观的结果。金钱观就是人脑产生的NES的固化，我们按其指令行事，就会赚取金钱、攫取金钱或者崇拜金钱。

金钱本身的演化，也说明了这一点。历史上，有的地方以贝壳为钱，有的地方以盐巴为钱，有的地方以丝为钱，有的地方以铜为钱，个别地方竟然以纸为钱。发展到现在，全世界的人脑里，都有以黄金、白银为钱的意识，很大一部分人脑里还有以美元、人民币、印度卢比为钱的意识。当前正在上演的一个演化，就是以数字为钱（digital currency），即金钱的数字化。

112　意志力

权力是意识影响程度的度量尺度，金钱是意识贵贱程度的度量尺度，那么意志力就是意识浓度的度量尺度。

心智是一种NES物质，当这种物质稀薄时，其信号就微弱；当浓郁时，其信号就强劲。NES物质是稀薄还是浓稠的度量尺度，就是意志力。人，在某一方面意志薄弱，就表明这一方面的NES物质稀薄、信号微弱；在某一方面意志坚强，就表明这一方面的NES物质浓郁、信号强劲。

意志包含于意识，意识包含于心智。一般认为，与行为结合在一起的心智就是意志，或者说体现在行为上的心智就是意志。例如，我们常说的恒心就属于意志；体现在行动上的毅力，就属于意志力；而磨炼意志、锻炼毅力，就是指通过不断模仿和重复，也就是通过学习，使得神经物质印痕刻画更深，使得这一方面的NES物质更浓郁、信号更强劲。为什么心理暗示能管用？为什么意志力作用很大？都是因为它们实际上是物质力，是一种客观实在的作用力。

就好比母爱意识，体现在行为上就是母爱意志。母爱意识一方面来自本能，所以绝大多数高级动物都先天具有母爱意识。母爱意识另一方面也受后天因素的影响，所以在自然界也能观察看到，个别高级动物会遗弃子代，个别首次繁衍后代的动物似乎并不疼爱后代，这都是因为它们完整脑里的母爱意识物质还不够浓郁。即使是最为高级的人，个别女性如智障产妇也有遗弃婴儿的行为；个别精神障碍的母亲也会遗弃孩子；个别极端的女性犯罪分子，不仅遗弃婴儿甚至还贩卖自己的孩子。

她们为什么没有母爱呢？很显然，智障产妇心智稀薄，其母爱意识也很稀薄，表现在行为上就是母爱意志薄弱。精神障碍的母亲，其母爱意识不仅稀薄，而且很可能已经错乱，表现在行为上就是母爱意志薄弱；或者母爱意志时有时无，有时对孩子过分疼爱，有时却嫌弃甚至虐待孩子；又或者母爱意志指向错乱，疼爱别人的孩子甚至疼爱阿猫阿狗。至于极端的女性犯罪分子，那是因为她的犯罪意识过于浓郁，母爱意识被严重稀释，表现在行为上就是在犯罪，母爱意志自然无从谈起。

113　犯罪意识

都知道法律是一种意识，法律体现的是统治阶级的意志。那么，违反法律的犯罪，当然就是违反统治阶级的意志，当然也是一种意识，我们称之为犯罪意识。犯罪确实有一个意识的问题，法学术语叫主观恶意。主观恶意，是犯罪主体对自己行为及社会危害性所抱持的心理态度。主观恶意，是判断是否犯罪以及量刑轻重的要件。

撇开过失犯罪不谈，绝大多数罪犯都有主观恶意的一面。主观恶意犯罪，一直是社会学家、犯罪心理学家头疼的社会问题。

一个人为什么会产生主观恶意？犯罪意识从何而来？

这和其他意识的产生是一样的，都是来源于感觉。当罪犯的人脑接收到某种感觉信息后，会同时调用脑里存储的NES，与这个感觉信息一起整合加工。完成这些步骤后，罪犯的人脑会形成一个整体性的、综合性的NES，它会给罪犯带来主观恶意或者犯罪意识。罪犯的躯体，当然也会按这个信号的指令行事——实施犯罪行为。

例如，窃贼的眼睛看到钱包，这种视觉信息传递到窃贼人脑之后，窃贼还会同时调用脑里存储的NES，比如事主警惕性高不高、盗窃钱包的成功率、被抓之后惩罚重不重等，与这个视觉信息一起整合加工。完成这些步骤后，窃贼的人脑会形成一个整体性的、综合性的NES，它给窃贼带来了主观恶意或者犯罪意识。窃贼的手，当然也会按这个信号的指令行事——伸向钱包实施盗窃。其他犯罪意识的产生，大同小异。

为什么另外一些人的眼睛看到钱包，却不会产生犯罪意识呢？

那是因为这类人的眼睛看到钱包，这种视觉信息传递到人脑之后，这类人同时调用此前已经存储于其人脑里的NES，比如丢失钱包很可怜、帮助他人感觉很好、社会需要正能量等，与这个视觉信息一起整合加工。完成这些步骤后，这类人的人脑会形成一个整体性的、综合性的NES，这个信号给这类人带来的不是主观恶意和犯罪意识，而是主观善意和助人意识。他们当然也会按这个信号的指令行事——开口提醒事主注意钱包。

可以看出，无论是恶意，还是善意，都是当事人人脑产生的NES物质，因而都是客观实存。因为意识都是客观的，所以说没有主观恶意，也没有主观善意，只有客观恶意或客观善意。

总之，意识是物质的，犯罪意识当然也是物质的，犯罪意识是罪犯人脑产生的一种NES物质。一个人头脑里没有这种物质，他是不会犯罪的，即使犯罪了也一定是过失犯罪；一个人头脑里有这种物质，如果既得不到稀释也未能及时阻止，他按这种NES的指令行事，就很可能犯罪。

114　道理与道德

人之初是没有道理的，是我们智人后来慢慢抽象出了道理。道理分很多种。我们抽象出的关于物的道理，就是物理，如茶道（茶的道理）、天体物理等。我们抽象出的关于事的道理，就是事理，如关于情的情理、关于法的法理等。我们抽象出的关于人——主要是人际和人伦关系——的道理，当然就是伦理。如此等等。

其他动物都没有道理吗？低级动物蚂蚁在营造蚁巢的时候，似乎知道防止水灌的道理啊；高级动物雨燕衔泥筑窝，似乎明了遮风避雨的道理啊。为什么说其他动物都没有道理呢？那是因为，蚂蚁依赖本能和感觉筑巢，雨燕依赖本能和意识筑巢，它们都不会抽象出安全筑巢的道理来。智人则依赖本能和智能建房。也只有我们智人会抽象出选址、防灾乃至炒房的种种道理。

道理是仅为我们智人具有的一种抽象意识，意识是物质的，道理按道理当然也是物质的。某人具有这个抽象意识，说明他脑子里有这个NES，你与他沟通这个事，他就是讲道理的；某人不具有那个抽象意识，此时他脑子里没有那个NES，你执意与他沟通那个事，他就是不讲道理的。青少年儿童，为什么烦父母长辈讲大道理呢？因为大道理都是来虚的、空洞的、抽象的，青少年儿童抽象意识不够发达，他们都还比较实诚、天真，还不会来虚的，他们正在发育的脑子里没有大道理的NES，或者即使有也还不够浓郁，所以他们有点蛮不讲理，很难接受大道理。

再说说道德是怎么来的。从渊源上来看，先有道理后有道德，是聪明的祖先在道理的基础上，创立了道德。我们中国人有"三不朽"的说法，最初是指立德、立功、立言"三不朽"。立德是摆在第一位的，立德就是创立道德、树立操守，这个词一般只允许用在圣人身上。可见，道德确实是聪明人创立的，一旦社会接受了聪明人提出的道德意识，也就形成了全社会的道德观。在历史长河中，那些创立道德体系并制定道德准则的人，就被奉为圣人。他们的道德思想，也就是前述的圣人的法则。

115　人道主义

中国古代虽然没有人道主义一词，但人道一词很早就有了。解释《易经》的古代文献里，就有"有天道焉、有人道焉、有地道焉"的说法。中文里，人道一般是指人事、为人之道或社会规范。人道意识即人道主义，则起源于文艺复兴，泛指一切强调人的价值，维护人的尊严及权利的思潮和理论。人道主义的核心，是重视人的幸福。这一思想后来慢慢泛化，现在已经由人界延伸到动物界，由价值、尊严、权利领域，延伸到慈善、伦理、道德领域。

如果将人道主义泛化理解为生命主义的话，人道主义就应该是尊重生命的物质属性。尊重生命的物质属性就是人道的，违反生命的物质属性就是不人道的。违反生命的物质属性，包括全面违反和部分违反。全面违反是对生命个体或群体而言的，例如种族灭绝、童婚童工、虐猫虐狗等；部分违反是对构成生命的器官和组织而言的，例如器官买卖、阉割骟割等。

116 性善还是性恶

当讨论性善还是性恶的时候，一般是在描述人的先天本性。如果限定于本性，很显然，人的本性和所有生命的本性一样，无所谓善恶，也就是既不性善也不性恶而是性无（即性无善恶之分）。我们不认为病毒生物有善恶，不认为细菌生命有善恶，不认为植物生命有善恶，不认为动物生命有善恶，这都是理所当然的。

但如果，不限于先天本性而是扩充到人的后天习性，讨论人的心智有无善恶之分的时候，一般认为人的心智和后天习性是有善恶之分的。尤其是撇开先天遗传，后天习得的心智确有善恶之分。一些人，成长在充满善意NES物质的环境里，当然容易习得善性；而一些人，出生在充满恶意NES物质的环境里，如果不能及时得到善意地矫正，当然容易习得恶性。

人类社会的习性的大染缸，不光漂染着我们，还影响到了个别学习能力很强的高级动物。因为长期与人类厮混，耳濡目染，这些高级动物的后天习性甚至也有了善恶之分。比如，景区的猴子，可能后天习得抽烟喝酒、抢劫游客的恶习。而狗如导盲犬，可能后天习得照顾老人、孩童和残疾人的好习惯。要知道，猴子可是和我们拥有共同的远古祖先，而狗却和狼是近亲啊。所以说，后天习性遵循近朱者赤、近墨者黑的物质规律，与物种的天性关系不大。

因此，一个人性善还是性恶，并不是"一念之间"那么简单的事情。所谓的"激情犯罪""激情杀人"，都是作为聪明人的律师的诡辩。一个人性善还是性恶，是有其深厚物质背景的，是有其物质上的来龙去脉的，是可以追溯其物质成因的。"万物皆有（物质成）因"，包括天性和习性，囊括到所有心智现象，概莫能外。

117　文化与文明

最后，笼统阐述一下文化与文明。文化与文明是包含关系。文化多姿多彩、百花齐放、精华和糟粕共存；而文明则是指文化的精华部分，是积极和进步的文化成果。已知最早的智人文化，是前面提到的南非布隆伯斯洞窟文化。文明一般以形成文字作为一个判断标准，如此则已知最早的文明当属苏美尔文明。

联合国教科文组织将文化遗产分为物质文化遗产和非物质文化遗产，其中，"非物质"的英文是intangible，本义是无形的。其实，20世纪80年代，联合国最早使用的说法是"口头和无形"文化，20世纪90年代也曾改译为"无形"文化，但近年来却一直在使用"非物质"文化的译法，令人费解。从英文词义上来看，翻译成非实物文化更好，即使是"无形"文化的译法，也比"非物质"文化的译法要好。

联合国《保护非物质文化遗产公约》指出，非物质文化遗产指被各群体、团体，有时为个人所视为其文化遗产的各种实践、表演、表现形式、知识体系和技能及其有关的工具、实物、工艺品和文化场所。可以看出，不光是实物文化有物质载体，非实物文化其实也可以有物质载体，比如工具、实物、表演场地等等。例如，至今仍活跃在中国乡村地区的汉民族非实物文化傩舞，又称鬼戏，它起源于汉族先民的自然崇拜、图腾崇拜和巫术意识，就有一系列的服饰道具。

总之，不管是实物文化还是非实物文化，不管是物质文明还是精神文明，文化和文明都是一种心智，心智是物质的，文化和文明也理应是物质的。文化和文明是人类历史长河中，千千万万个人心智活动的产物，这些产物可以是实物的也可以是非实物的，可以是有形的也可以是无形的，这些心智物质固化沉淀下来就是文化和文明。

本章小结：

世界观决定和影响着人生观、价值观。

如果世界是彻底唯物的，那么一切心智现象，包括文化和文明，都值得重新探讨、重新认识。

第九章 心智的未来

现在就心智的流向和未来，略作探讨。

如前所述，心智很可能是一种NES物质。20世纪60年代，发明家戈德马克就预言："一种尚未发现的脑电波，在未来某一天可能会被发现和利用起来。"脑科学家和生物学家一直想捕捉这种NES物质，但都还没有成功。脑电波、脑热力图和磁共振成像等，在这方面已经算是有些进展的了。

脑部神经细胞的生物电活动，形成脑电波。准确地讲，是大量脑细胞同步发生的突触后电位，汇总形成了脑电波。突触后电位，体现为带电离子在神经细胞突触的流进和流出。就好像平常所说的"思想的火花"，正是思考时带电离子流过神经细胞膜通道留下的"噼啪"声，以及流过后在人脑不同区域形成的电位差。

研究表明，人的脑电波至少存在四个波段，按频率变动范围分为 δ 波（1–3Hz）、θ 波（4–7Hz）、α 波（8–13Hz）、β 波（14–30Hz）。此外，还有 γ 波、驼峰波、σ 波、λ 波、μ 波等。记录脑电图的仪器已是大中型医院的标配。心智类疾病的诊断及精神科的研究，都需要跟踪、监测脑电波。

另一项技术是脑热力图。它利用红外成像、近红外成像等手段，能监测人脑各部位细微的温度变化，而磁共振成像技术，可以测量人脑各部位的血氧饱和度，血氧饱和度反映了不同脑区的工作状态。科学家研究这些技术，一方面是服务于疾病诊疗，另一方面，也是想找出脑部生理变化与NES，以及与心智活动之间的关系。

尽管人脑存在脑电波，技术上也能将人脑的温差及血氧饱合度检测出来，但要想把这些生理指标所对应的心智含义一一破译出来，目前还没有什么实质性的进展。对NES的破译，完全是一片"蓝海"。主要原因是，神经电极其微弱，最高也才200微伏（1伏特=1000000微伏）；而且电信号是非实物物质的能量活动，漂浮不定，因而很难在解剖上捕捉到、固定住。另外，神经生化活动和化学信号极其复杂，目前科学家们也只是初窥门径，还远远没有登堂入室。至于NES包含的信息和信令内容，更是犹如无字天书，一点头绪都没有。

这些困难，难不倒人类中的聪明人，他们仍在努力捕捉心智这种物质。例如，一些科学家利用脑机接口、电极贴片、头环头盔、脑颅微创手术植入技术等，记录到的脑电波越来越准确。一些科学家还建立数学模型，试图找出脑电波与文字、词语之间的对应关系。据报道，美国的科研团队于2020年使用人工智能解码系统，成功地把人的脑电波转译成英文句子。这一科研成果如果属实，那不啻于是摸到了心智的"门锁"，距离撬开心智物质的"底牌"只差临门一脚了。

如果坚信心智的物质属性，如果最终捕捉到了实物的心智粒子，或者非实物的心智波，那么我们将面临一个全新的未来。

118　教育革命

对教育而言，这将是一场革命。

无论是教授没那么抽象的经验与技巧，如绘画、体育，还是教授抽象的心智成果，如文学、物理，亦或是教授纯粹抽象的形式科学，如数学、哲学，其目的都是将某种NES输入受教育者的人脑。我们常说的灌输、"填鸭"、死记硬背，就是NES的输入方式。在这个过程中，教育者扮演的角色是宣传者、辅导者，他们的作用是将最有效的输入方式告诉受教育者，并辅导受教育者接收这些学科的NES；就算是因材施教，也不过是根据受教育者的特点，选择更有针对性的输入方式而已。

对于受教育者，必须经历：第一步，接收书本或教师讲授的信息内容，这些信息内容以NES的方式，传递到受教育者的人脑。第二步，受教育者会同时调用或不调用脑中存储的NES。调用合适信号的受教育者，我们称之为融会贯通型的"学霸"；不调用或胡乱调用信号的受教育者，我们称之为"左耳进右耳出"、不着调的"学渣"。第三步，经过受教育者人脑的整合加工，受教育者人脑里会形成一个新的NES，这个信号跟书本或教师讲授的信息内容不一定完全相同。这就好比是阅读《哈姆雷特》，一千个读者脑海中就有一千个哈姆雷特。

应试教育特别强调相同性，认为考试、背诵都是很好的检测相同性的手段。

比如，考生答题就是考生输出NES，考生输出的信号与书本或教师讲授的信号之间的相同性越多，代表着考生题目答得越好，自然分数就越高。所以应试教育认为，考试分数的高低能够体现教育效果的好坏。

未来，随着心智科学的发展，如果掌握了NES的终极秘密，难道不能将需要受教育者掌握的NES以某种形式某种途径直接输入受教育者的人脑？这样输入，与受教育者背诵书本、听教师授课又有什么不同呢？一秒之内，给爱听下里巴人者输入阳春白雪的NES，跟把爱听下里巴人者送去音乐学院深造四年，又有什么不同呢？

比如，"红灯停绿灯行"的交通规则意识，可以通过反复宣传教育，或者通过孩子们的模仿和重复习得；即使孩子们习得了这一意识，家长仍然担心学习效果，孩子们脑海里的NES与交通规则是不是完全相同呢？如果能将交通规则编成一段NES，输入孩子们的脑海，那么家长们就完全没有这些担心了。

对照上述的三步来看。首先，第一步，能确保孩子们接收的信号是完全一样的；第二步，不管孩子们的小脑袋是否调用存储的NES，不管孩子是"学霸"还是"学渣"；因为第三步，我们都可以检查孩子们输出的NES是否与交通规则一致。也就是说，此种情况下，不管过程如何，都能确保输入输出的结果。如果这一切成真，这难道还不足以掀起一场教育革命吗？

119　心智疾病诊疗的突破

对于医学，尤其是心智疾病的诊疗方面，将出现突破。

对于疾病的诊疗，目前人们都接受这个思路：首先要检查确定病灶，明确物质病因，比如具体是哪个部位哪个器官出了问题；紧接着就是拿出物质治疗方案，可以是化学药物、物理手术、生物制剂等；最后就是观察治疗效果。在非心智疾病的诊疗方面，这一思路取得了非凡的成就，不论是手术还是药物，都日新月异，造福着千千万万的病患。

唯独在心智疾病的诊疗方面，进展十分有限。比如神经科里的偏头痛、脑炎、脊髓炎、癫痫、帕金森、脑瘫、天使综合征①、共济失调、扭转痉挛、老年性痴呆、神经系统变性病、朊病毒病、三叉神经痛、坐骨神经痛、周围神经病以及重症肌无力等神经疾病，有一些通过手术和药物的治疗，疗效较好，但很多神经疾病的疗效有限。

精神科疾病更是如此。如脑器质性精神障碍、躯体疾病所致精神障碍、精神分裂症、偏执性精神障碍、心境障碍、分离性障碍、神经症性障碍、应激相关障碍、心理因素相关生理障碍、人格障碍与性心理障碍、精神发育迟滞、心理发育障碍、儿童少年期行为和情绪障碍等，诊断手段十分缺乏，不仅难以明确物质病因，也没有有效的手术或药物，一般只能缓解和控制病情，偶有疗效但极易复发。

未来，随着心智科学的发展，如果发现并掌握了NES的终极秘密，那么，对于心智疾病尤其是精神科疾病的诊疗，将出现突破。

首先，可以对诱发心智疾病的信号进行控制，这就像治疗过敏症时控制过敏原一样。当我们知道哪一类的信号对病患不利，就减少、过滤或杜绝掉这一类的信号。比如，恐怖症都有明显的恐怖对象，如动物恐怖、登高恐怖、幽闭恐怖、社交恐怖等，如果减少、过滤或杜绝恐怖对象引发的NES的刺激，那么病患的症状将显著减轻。另外，当然也能分辨出哪些信号对病患有利，比如音乐声波电信号、户外视野电信号、奖励性语言电信号等，增加这一类NES显然有利于心智疾病的治疗和康复。

其次，可以减弱或增强某一类信号的强度。无论是感觉的NES，还是意识的NES，都存储在神经细胞里；人的心智NES，存储于人脑和脊髓之中。如果破解了NES的物质秘密，当然可以通过科技手段，稀释或增强某一类信号。如果这一类信号使我们罹患疾病，就使之稀薄变弱；如果那一类信号使我们健康快乐，就使之浓郁加强。关于这一点，作家赫胥黎早在1932年就有构思："每天，所有成

---

① 又称快乐木偶综合征，是一种罕见的神经发育性疾病。患者往往是表面看起来面带微笑、温和亲切的孩子，很多生化指标都正常，但实际上孩子笑容的背后，伴随着一系列神经发育问题，包括严重的智力障碍、语言缺失、癫痫发作及异常的脑电活动、运动障碍、睡眠及喂养问题、有特殊的面容及特异的行为等。天使综合征尚无根治方法。

年人都要服用合成药物'苏摩（soma）'，这能让他们感到快乐，而且不影响生产和工作。"

最后，可以检测和干预信号的输出。掌握了NES的终极秘密，当然可以检测人脑输出的信号，这可以判断病人是否发病或何时发病。还能检测出病人输出的信号是否伴有危险行为，例如狂躁、攻击、犯罪、自杀等等，如果有，当然也能及时干预这个NES，阻止病患伤害自己或他人。

大家不要以为这是天方夜谭，类似的探索历史上从来就没有停止过。

早先人们认为，心智疾病是因为邪灵附脑。那时的医生——一般主业是巫师，医生只是兼职——给出的解决办法是，在患者的头盖骨上开个洞，把脑内邪灵释放出去。如图25。

图25　表现中世纪医生开颅驱除邪灵手术场景的画作

古希腊时期，曾认为心智疾病源于体液失调，排出体液例如放血就能治病。很长一段时期内，人们认为放血对治疗精神病尤其有效，长篇小说《白鹿原》里，就有乡村医生放血治疗癫狂痉挛症的情节。再后来，人们也用水蛭在患者头部吸血，治疗精神病。由于自然界有些生物天然带电，人被电到后会有剧烈的反应，包括心智波动甚至是短暂失忆。受此启发，人们很早就摸索用自然界生物电治疗心智疾病，海鲜电鳐和河鲜电鳗就曾被用来放电治疗精神病。

20世纪30年代，随着对电的掌握，主要用于治疗精神病的电击疗法应运而生。早期的电疗手术，会引发剧烈抽搐、震颤，甚至导致骨折。后期，医生在电疗前会使用麻醉剂和松弛剂，减轻患者的痛苦。现在，治疗精神病一般不使用电疗仪器；要使用时，也会通过电休克机，用微弱、短暂、适量的电流刺激患者人脑，达到控制症状的目的。这些研究探索都想通过对特定脑区实施干预，改变脑电波的活动，调控脑细胞状态，进而实现调控心智的目的。

120　对生和死的再次定义

在人类所有的动力学性能中，心智能力尤其是其中的智能能力（智力）无疑是最核心的。在常人的心目中，失去意识基本就是死人了；失去智力但还有感觉，或者还有意识，即使不是死人也差不多是废人了。心智能力的重要性无须赘语。如果我们认识了心智这种物质，发现并掌握了心智NES的终极秘密，那么前面刚刚讨论过的生死，将不得不再次定义。

第一种情况，躯体死亡了，人脑还保持活性。

这种情况是科幻作品的一个重要题材，周星驰的喜剧电影《百变星君》就探讨过这个题材。该领域的先锋科学家，比如普特南，就一直在设想所谓的"缸中之脑"（如图26）的实验。

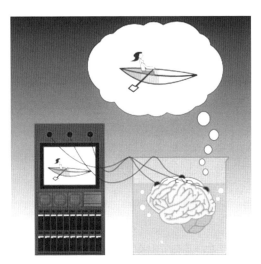

图26　"缸中之脑"实验示意图

普特南的设想是，未来科技达到了一定的程度，可以把一个保持活性的人脑浸泡在装有各种培养液的缸里，同时连上电脑，为"她"输入各种NES。比如，输入视觉信号，让"她"看到自己正在海上；输入声音信号，让"她"听到涛声；再输入一段触觉信号，让"她"有划桨的感觉……就这样，通过输入各种各样的信号，"她"将具有各种各样的感觉和意识。如果撇开伦理争执不谈，那么请问，此时的"她"究竟是死是活？"她"究竟是浸泡在培养液中的脑，还是在海上划船的美女？

第二种情况，人死了，但其心智被复写、储存起来，而且还能被调用。

这种情况就像志怪小说里常说的臭皮囊没了，但灵魂还在。

虽然自然界有些生物的寿命确实很长，比如动物中北极蛤的寿命是500岁，植物中龙血树有8000岁的寿命，而一种细菌据说存活了40多万年。但是生命学界还是一致认同，寿命总有一个上限，肉体是无法永生的。实物物质肉体无法永生，那么生命中的非实物物质，比如心智这种NES的电物质，能不能永生呢？

我们认为，心智的载体是神经细胞，神经细胞是无法永生的。但如果掌握了心智NES的终极秘密，完全可以将信号从神经细胞里复写提取出来，储存在某个仿生载体如神经U盘里。需要的时候，当然也可以读取这个U盘里的信号。

这就会出现一种情况，一个人完全死了，他的躯体和脑都死干净了，但是他的心智被复写、储存起来了，而且还能被调用。试想，当你正在为"心智到底是不是物质的"问题苦恼时，你竟然可以连线美国国家卫生与医学博物馆（保存着爱因斯坦的脑），请教一下"爱因斯坦"对这个问题的看法。你说惊不惊喜、刺不刺激？

另一个让人潸然泪下的场景是：当思念已逝的亲人时，虽然他们的肉体无法回到我们身边，但我们竟然可以和已逝的亲人对话，报告我们的成就与快乐，或者倾诉挫折与烦恼。他们会倾听，也能给予回应，当然还是一如生前的亲切温柔……

121 颠覆人和其他高级动物的关系

由于仅有人具有智能，结果就是人利用智能优势，在短短七万年的时间里，超越其他所有高级动物，妥妥地成为了王者。可以说，自然界已经没有不怕我们这个"两脚怪"的高级动物了。

如果人进一步发现并掌握了心智NES的终极秘密，那么人和拥有意识的其他生命，也就是其他高级动物生命之间的关系，将可能被再次颠覆。

利用他人的心智可能有法律和道德方面的风险，但利用其他高级动物的意识，则几乎畅通无阻。

如果处理得好，可以在人与其他高级动物之间搭建脑神经回路，实现人与其他高级动物的心智沟通。这将有助于我们了解它们的感受，正确对待它们，同时也能丰富人的心智。这有点像科幻电影《阿凡达》的场景：阿凡达战士与战马、战鹰之间，通过物理的脑神经回路沟通，战士和坐骑几乎融为一体。还有，掌握了心智这种物质，我们甚至可以将其应用于其他高级动物，干涉和诱导它们的进化。这里的想象空间，是很大的。

122　人工智能

人工智能，是研究开发用于模拟、延伸和扩展人的智能的理论、方法、技术及应用系统的一门技术科学。人工智能是计算机科学的一个分支，该领域的研究包括机器人、语言识别、图像识别、自然语言处理和专家系统等。如果认为语言是智能的标尺，就可以认为具备语言功能的机器是人工智能。人工智能的目的，是想研究制造出像人一样意识和思维，并做出智能反应的机器设备。

我们认为，智能是人的高阶意识，意识是高级动物的高阶感觉，感觉是动物的高阶反映。因此，除了人工智能，还应该有人工意识、人工感觉、人工反映。顺着这个视角，来检视一下人工智能的发展之路。

最初，人们制造机器模拟动植物的反映。例如，吸盘触手是模拟壁虎脚掌，机械臂是模拟人的手臂等。这一阶段是机器人发展的早期阶段，可称之为仿生机器发展阶段，也是人工智能的起步阶段。这一阶段的技术成果应用于生产，促进了工艺的机械自动化和电气自动化。

后来，人们研发机器模拟人和其他动物的感觉和意识。例如，传感器就是模拟其他动物感觉，计算机就是模拟人类语言等。前面之所以多次拿电脑与神经活动做类比，例如中枢神经与电脑的类比、睡眠活动与电脑的类比、梦与电脑的类比等，就因为电脑模拟了人的心智活动。这一阶段是机器人发展的中期阶段，此时的机器已经具备人或其他动物的某一个方面的动力学性能，甚至在某些个动力学性能上已经实现了对人和其他动物的超越。例如扫雷机器的"触觉"，缉毒机器的"嗅觉"，红外机器的"温觉"，包括当前大热的语音识别机器的"听觉"和图像识别（如人脸识别）机器的"视觉"，以及波士顿动力公司机械狗的"平衡觉"等。

这一阶段的机器，大量使用芯片技术和计算机技术，因而集成能力更强，自动化程度更高，看起来也更智能，以至于人们已经习惯用人工智能来称呼这些机器了。试想，一台具有高清图像识别能力的机器，竟然能准确区分双/多胞胎，你当然会觉得这个机器已经具备了人工智能。虽然这些机器在某一方面看起来相当智能，但整体来说，此一阶段的机器人还无法超越人，因为它们的动力学性能单一。一旦涉及多任务并发处理，或者多维度复杂计算的时候，这些机器比人类还是差得太远。所以此时人类会赞叹这些机器的精巧，但在这些精巧的机器面前，人类还是自信满满。以至于很多人深信，人工智能要想企及人类智能的水平，那应该是很久很久以后的事情。

然而，第三阶段的人工智能很快就震撼到了人类。这一阶段，人们研发机器着重模拟人的智能。代表性技术有大数据、区块链、云计算、边缘计算、加密计算等，贯穿其中的最核心的技术当然是算论。说到算论，很容易就想起算法，智能就是人脑的算法。人工智能涉及了算法、算论，才算真正触及了人的智能。平常所说的人工智能，准确来说应该是指此阶段的人工智能。

以人与机器弈棋对抗为例，略做展开。看看在此阶段，算论，是如何提升人工智能的。

世界上顶级的棋类游戏，是国际象棋和中国围棋。国际象棋是擅长抽象的古印度人发明的，中国象棋借鉴了国际象棋。中国围棋当然是中国老祖先发明的，相传4000多年前"尧造围棋"。这两种棋类游戏都富于变化，着数精妙，算法惊奇，需要高超的智力，确实集中体现了人类的智能。一般来说，入门级的棋手只能算计两三步的走法；业余高手能计算到十步以内的走法；顶级职业棋手可以精算到20步以内，再往后的走法也无法精算而只能是算个大概，凭着感觉走了（请注意这里是凭着感觉走，而不是凭着智能走）。

最初的人工智能计算机，为了战胜人类，其设计思路是充分发挥机器强大的算力，穷尽所有的走法，然后选择一个最优的走法。这样下来，机器棋手的每一步都是最优的，人类棋手自然就不是对手了。在相对简单的棋类游戏上，这一设计思路得到了验证，机器所向披靡，人类根本不是对手。但国际象棋变化太多，理论上国际象棋约有10^{70}种走法，这是个什么概念呢？简单点说，就是国际象棋的走法比地球上的沙子还多得多！机器棋手要想在规定的时间内，完成对下一步走法的计算，显然并不容易。

然而，IBM（国际商业机器公司）开发的机器棋手"深蓝"，于1997年就在人机对弈中首次战胜了国际象棋等级分排名世界第一的人类棋手。此后，国际象棋的人类棋手，就再也赢不了机器棋手了。"深蓝"的算力如此强大，得益于它的并行计算系统设计。它实际上是个计算机房，有1270公斤重，有32个"大脑（微处理器）"，它算得上是个庞然大物了。

通过提升算力，国际象棋拿下来了。下一步，是不是再提升一下算力，多建几个机房，就能拿下中国围棋呢？只能说，理论上是这样的。

与国际象棋相比，中国围棋蕴含的人类智慧更是博大精深，可以说是人类智力的巅峰之作。围棋最突出的就是简：只有两颗棋子，一黑一白；19×19的方格棋盘，361个落棋点没有区别，星、天元等点位，是为了下棋方便添加上去的；行棋规则也极为简洁，空白的地方都可以下。这些极简的设计，赋予围棋最丰富的变化：围棋总共有10^{170}种下法，要想穷尽这些变化，这得多大的算力啊！

因此人们一度认为，虽然拿下了国际象棋，但要想拿下中国围棋，别说目前的计算机无法计算穷尽，就是未来的量子计算机也未必能计算穷尽。但是，解决方案还是被聪明人找到了：换一种算法，用深度学习的算法来解决问题。

也就是说，为了拿下围棋，机器棋手放弃了穷尽法，转而学习、背诵人类的棋谱，就像我们初学围棋时背诵棋谱一样。谷歌公司开发的机器棋手"阿尔法狗"，其最初版本就"背诵"了人类围棋高手的数百万张棋谱。"阿尔法狗"依赖多层人工神经网络，把棋谱转化为矩阵数字作为输入，通过非线性激活方法取权重，再产生另一个数据集合作为输出。"阿尔法狗"多层人工神经网络的工作原理，与高级动物神经网络——完整脑的工作机理，几乎一样。简要来说，"阿尔法狗"把每一张棋谱都当作图片记下来（即输入），对弈的时候，它会把当下的棋盘也变成一张图片，与它记忆里的图片进行比对关联（即"加料"），然后生成一个赢棋概率最大的图片（即输出）。这个图片指示下一步应该下在哪里，它就会在那里落子。

依赖算法革新，在拿下国际象棋约20年后的2016年，"阿尔法狗"在人机对弈中战胜了世界冠军、时年23岁的李世石。2017年，迭代后的"阿尔法狗"与时年20岁、排名世界第一的国手柯洁对战，3∶0完胜柯洁。在这场世纪对弈中，还上演了悲情的一幕：获胜无望的柯洁泪洒赛场，他哽咽着说"它太完美了，我很痛苦，看不到任何胜利的希望"。

正面交锋赢不了，有些高手另辟蹊径，试图找出"阿尔法狗"的漏洞。比如，诱骗它走出"漏勺"（围棋术语，意即错着），或者利用"打劫"（围棋术语，就当是合规耍赖好了）觅得胜机等等。不承想"狗脑"回路清奇，棋风飘逸、算无遗策、滴水不漏，就算是"打劫"，人也打不过"狗"了。目前，人类棋手公认已不是"阿尔法狗"的对手。人类顶级的智力游戏，中国围棋也沦陷了。

最强版"阿尔法狗"已经具备自学能力，也就是说即使没有人类棋手的棋谱，它也能左右互搏，自己跟自己下棋生成棋谱，然后再深度学习。科学家评估后认为，"阿尔法"人工智能的反应速度，已经是人类的250倍了。

回头检视一下人工智能的三个阶段。如表7。

表7　人工智能发展阶段对比表

第一阶段	第二阶段	第三阶段与未来		
模拟反映	模拟感觉	模拟心智		
动植物组织和器官	动物神经	人脑		
自动化机械臂 简单机器人	多任务并发计算机 复杂机器人	初级阶段 穷尽法或枚举法 深蓝	中级阶段 深度学习法 阿尔法狗	高级阶段 ？ ？
最高级形式是人工合成生物肌体	最高级形式是人工合成动物神经	最高级形式是人工合成生物人脑、人脑皮质		

第一阶段，是模拟动植物的反映阶段。主要是模拟动植物的组织、肌肉、器官等。机器获得了某些动力学性能，主要是运动性能。代表性产物是机械臂、机械自动化、电气自动化等。未来，在模拟动植物的反映这个方向上，其最高级形式应该是人工合成生物肌体。例如仿生义眼、仿生义肢、仿生光合体等。

第二阶段，是模拟动物的感觉阶段。主要是模拟动物的视、听、嗅、味、触等神经感觉。机器获得了某些动力学性能，主要是感觉性能。代表性产物是传感器、机械狗、复杂机器人等。未来，在模拟动物的感觉这个方向上，其最高级形式应该是人工合成动物神经。

第三阶段，是模拟人的心智阶段。主要是模拟人脑的神经网络、意识活动、智能活动等。机器获得了某些动力学性能，主要是意识与智能性能。代表性成果是"深蓝"、"阿尔法狗"、人工智能机器人等。

在第三阶段，实际上还可以再细分为初级、中级和高级阶段。

初级阶段，是以穷尽法或枚举法为代表的阶段。这有点像人脑智力发育的早期阶段，我们习惯于把具体的事物一一罗列出来，就像幼儿喜欢数手指头、脚趾头一样。不知道大家还记不记得在文字节段【069】，曾讲过最早创造的文字是1、2、3数字，其造字思路就是穷尽法。中文一就是穷尽一横，二就是穷尽两横，三就是穷尽三横；楔形文字则依次穷尽一竖、两竖、三竖。从意识上来看，人工智能的初级阶段就是具体思维阶段，其特点是无论表达什么意思，都一定要关联结合着具体的实物与事物。

中级阶段，是以深度学习法为代表的阶段。这有点像人脑智力发育的中期阶段，我们习惯于把具体的事物形象化，就像小学生喜欢卡通、看图识字一样。从意识上来看，人工智能的中级阶段就是形象思维阶段，也可以说是图画抽象阶段，其特点是表达意思的时候，会将具体的实物与事物图画化。"阿尔法狗"，就是将围棋棋谱图片化的。

顺着这个思路，初级和中级之后，未来人工智能的高级阶段会是个什么样子，想必大家也能猜到七七八八了。我们认为，高级阶段是以"符号和形式"算法为代表的阶段。这有点像人脑智力发育的中高期阶段，我们会激发高度抽象，将图画抽象、符号抽象向形式抽象提升，将具体思维、形象思维向理性思维提升，就像中学生、大学生开始钻研哲学、数学、计算机，开始研读理论书籍一样。从意识上来看，人工智能的高级阶段就是理性思维阶段，也可以说是形式抽象阶段，其特点是表达意思的时候，会将具体事物和形象都符号化、形式化。我们推测，人工智能第三阶段的未来，也就是在破解并模拟脑神经算法这个方向上，其最高级形式应该是人工合成生物人脑，重中之重则是人工合成人脑皮质，亦即人造脑筋。

未来，随着心智科学的发展，如果掌握了NES的终极秘密，那么，无论是感觉、意识还是智能，我们都能随心所欲地操控。我们将开发出人工触能、人工味能、人工嗅能、人工听能、人工视能，当然还有人工意能和人工智能。毫无疑问，没有什么力量能阻止人类中的聪明人，沿着机械智能（机械机器人）—仿生智能（仿生机器人）—生物智能（生化机器人）的路径继续探索下去。也许有一天，随着仿生技术和生化合成技术的进步，人和机器的界限越来越模糊，机器人越来越像人，《我的女友是机器人》也能成为现实。

123 人类和解，天下大同

人，说到底还是动物，动物属性也就是兽性，依然是人的本性。丛林法则、弱肉强食、残酷争斗一直伴随着我们，直至今日。

但是，与其他生命不同，我们毕竟走上了心智进化的高速路并开起了智能的跑车。人类中的聪明人调动抽象意识，发挥智能优势，一直在寻找大同社会的解决方案。孔子、柏拉图分别提出了理想社会、理想城邦的构想。《礼记·礼运》则明确了大同的具体含义①。桃花源、乌托邦思想、空想社会主义、共产主义、地球村思想，人类从未放弃对天下大同的追求。未来，如果发现并掌握了NES的终极秘密，那么，有没有可能抹平人与人之间心智物质的这点差别、这点小异呢？如果这些小异基本抹平了，很显然，人类和解就有可能了，大同社会也是有

---

① 原文：大道之行也，天下为公。选贤与能，讲信修睦，故人不独亲其亲，不独子其子，使老有所终，壮有所用，幼有所长，矜寡孤独废疾者，皆有所养。男有分，女有归。货恶其弃于地也，不必藏于己；力恶其不出于身也，不必为己。是故谋闭而不兴，盗窃乱贼而不作，故外户而不闭，是谓大同。

可能实现的。

124　暗黑的未来

凡事有利就有弊。心智的发展，以及对心智的研究开发，也有可能带来暗黑的未来。

首先是，进化加速的后果，福祸难料。

在"神经细胞—神经系统—完整脑—智人脑"的神经进化之路上，人类踏上了心智进化的高速路；在"反映—感觉—意识—智能"的心智进化的高速路上，只有智人开起了智能的跑车。可以说，自从人类诞生以来，特别是智人种诞生以后，就一直在寻找进化的"快捷键"。400万年前的古猿，是两足人类的最初形态。然后过了200万年，人类开始制造和使用工具。然而短短30万年后，人类能够完全地直立行走，并熟练地使用工具了。智人诞生后，进化加速。7万年前，语言产生了。5000年前，铜铁等生产工具涌现，文字也诞生了。2500年前，人类进入轴心时代。250年前，进入蒸汽时代。150年前，进入电气时代。70年前，迈入了信息时代，并开始开发人工智能。此时此刻，我们正在探索意识和智能的源流。

可以说，我们在进化上一直呈现着加速的趋势。科学家通过数据对比，发现最近的5000年间，人类的进化速度加快了100倍，堪称直线上升。是什么推动着进化加速呢？很显然，是一股物质力量在推动我们加速进化。这股物质力量就是心智，更准确地说，是语言、文字、思想、理论这些属于抽象意识和智能层面的物质力量，在推动着我们加速进化。

如果捕捉到了NES这种物质，那么，心智的终极秘密也将迎刃而解。这就等于拿到了进化的"钥匙"，掌控了进化的"开关"，那么，我们的进化速度就不是快不快捷、加不加速的问题，而是一旦摁下这个开关，一旦打开这扇门，就会狂奔不止、无法回头的问题。

进化狂奔、疯狂进化，可能走向一片暗黑的未来。我们花点时间，花点篇幅，来检讨一下人类进化的选择、后果、未来。

人类选择走上心智进化的高速路，选择开上了智能的跑车，选择大力开发抽

象意识。这些进化选择，使人类对心智的依赖程度不断加深。如此导致凡有利于心智活动的，人类就快速地发展进化之，比如有利于使用语言的口腔、喉咙，有利于浏览文字、视频的眼球，有利于听取音频的耳朵，有利于抽象的脑筋等；凡无益于心智发展的，人类就不断地退化萎缩之，比如尾巴、毛发、指甲、牙齿、四肢等。

体现在肌体的质能分配方案上，就是其他肌体获得的质能相对减少，而人脑获得的质能越来越多。

体现在极性躯体结构上，就是人脑越来越大，结构越来越复杂；而其他肌体似乎越来越没有功能意义，结构上也有越来越简单的趋势，比如毛发、指甲。

体现在动力学性能方面，就是人脑的动力学性能越来越优越，心智活动越来越灵光；而其他器官的动力学性能有越来越退化的趋势，比如四肢及臂展的退化、牙齿如尖牙（即虎牙）的退化等。

这些方面，是有考古证据的。尾椎骨化石显示，古猿是有尾巴的；进化到类人猿时，尾巴演化为尾龙骨才消失不见了。四肢也是一样，银背大猩猩的四肢可以掀翻汽车，直立人的四肢也孔武有力，智人的四肢开始变得纤细瘦弱。到我们现代人就更不像话了，因为长期仰仗工具和机器，运用四肢的机会越来越少，四肢肌肉退化萎缩明显；就算有些人的四肢肌肉量没有减少，但单位肌肉的力量显然也比不上野生动物。

也必须看到，经常摆弄精密仪器、操作电脑、刷手机的那一部分人的手指，应该是更纤细、更灵活了。实事求是地说，单就手指来看，应该是发展进化了，手指获得的质能并不少，其动力学性能也更优了，各指节极性结构也更复杂了。

所以很多未来学者认为，再过几千年或上万年，我们的臂展会收窄，脑袋会大得不成比例，躯干会变小，四肢越来越纤细，但某几根手指有可能更灵活……最终就像科幻片里的外星人一样。

不光是外形会发生巨变，我们体内的一些非心智活动器官也会发生巨变。例如，因为大力开发心智，我们的食物以及获取食物的方式都发生了巨变，短时间内就使得智齿和阑尾成为无用器官。食物变化，抛弃了智齿；食物纯化，抛弃了阑尾。类似的剧本，正在扁桃体、胆囊等器官上上演。

文化学上将人与自然界的脱离、人与动物界的背离，统称为人的异化。异化，也可以看作是加速进化。比如，直立行走、投掷石头、挥舞木棒、开始用火，都是异化，实际上加速了智人的演化。再比如，现代人居住钢混森林就是对植物森林的异化，偏好洁净环境就是对肮脏泥土的异化，以裸体为耻就是对天体主义①本能的异化。异化和加速异化，使得人越来越不自然，越来越不像禽兽，越来越不像动物人。如果不从人的角度来看人、来理解人的异化行为，而是换从其他动物的视角来看人、来理解人的异化行为，那么在其他动物眼里我们就是挥舞前肢的两脚怪兽；就是焚毁森林，排干湿地的笨蛋；就是以鲜衣怒马为荣，以天然裸体为耻的怪物；就是吃素、挑瘦肉、啃骨头，却抛弃肥肉脂肪的蠢货；就是一会儿哭，一会儿笑的疯子；就是在交配上忸怩作态、花样百出、自虐或虐他/她/它的变态；就是嗜好冷热酸甜苦辣咸麻，抽烟酗酒嗑药的傻瓜；就是"杀'动物'不眨眼"，虐猫虐狗的魔鬼……因而可以说：在禽兽看来，我们禽兽不如；在非人眼里，我们就不是人。

其次，人和人类社会，将变得极其脆弱。

如果摁下进化快捷键、打开进化之门，那么人界对心智的依赖程度将无以复加。过分依赖心智来构建的人界，将变得极其脆弱。

第一，人界的"建筑材料"将越来越单一。由单一材料构成的结构，最容易遭受毁灭性的破坏。如果心智成为搭建人界的单一材料，这将使得人界极易遭受毁灭性打击。比如，会不会有病毒进化出攻击心智的能力，发展为噬智病毒呢。就算是意识本身，也能攻击人界。历史上的殖民意识、蓄奴意识、法西斯意识、种族歧视意识，就曾攻击过人界，给人界带来过巨大的悲痛。

第二，可能进一步助长药物和物质滥用。当今，药物和物质滥用，已经是严重的社会问题了。如果有更好的药物和更好的物质产品，可以想象，滥用问题将泛滥成灾。如果有人利用心智的终极秘密，研发出开心丸、热恋汤、忠诚粉、顾家羹、爱国糕、皈依粥、聪明饼、后悔药……你觉得人们会不会服用呢？你觉得这些东西会不会在某宝或超市上架销售呢？你觉得道德法律能阻止得了这些药物和物质的滥用吗？我们有这个信心吗？

第三，如果制造心智武器，其破坏力难以想象。很多新科技，都是首先用

---

① 天体主义，即裸体主义，是一种文化运动。

于军事目的的。如果心智科技被用于制造武器，那么这种攻击人脑NES的武器，其破坏力有多大呢？难以想象。如果一种心智炸弹能使敌方人员头昏脑涨、心智不清；或者一种心智病毒，类似电脑病毒，能侵入敌方人脑、发出指令，那么在大规模杀伤性武器使得人界危如累卵之后，心智武器将使人界雪上加霜、脆弱至极。

125　在心智科学上领先

科技带来的不都是幸福，更不都是痛苦，是福是祸，完全取决于我们自己。所以卢克莱修就说："人有自由意志，成人成兽全靠自己。"心智科学注定充满争议，其结果更是福祸难料。

但有些国家已经抢先动手了。

西方国家有怀疑主义、实证主义的传统，他们意识到意识是一种物质是有其意识由来的。最早，古希腊的希波克拉底就认为意识是人脑的体液，"我们的喜怒哀乐都来自人脑，且只来自人脑"。延及古罗马，卢克莱修认为灵魂和精神都是物质的，是由极其精细的原子所构成的。17世纪时，莱布尼茨认为"单子"是灵魂的实体，被赋予了感知和记忆。尽管学界公认心智研究是"世界之结"，要想发现心智的终极秘密异常困难，但西方国家一直没有停止努力。细胞学说、神经学说、脑磁和脑电波技术、人工智能等，他们一步步接近心智的"开关"，一步步触及心智的"钥匙"。

中国要想在心智科学上领先，从上到下，需要做的事很多很多，难度很大很大。衷心希望上上下下能够立即行动起来，科研院所、大专院校、有实力的大公司都能成立心智科学研究机构和实验室，招徕专业人才，开展研究。如果能在心智科学这一基础科学上领先，那么我们将在心智科技应用的各个领域，比如生物智能、机器智能、生物制药、心智疾病诊疗、生命科技、心智分子学、心智病毒学、心智遗传学、寿命与健康管理等方方面面，全面领先。

本章小结：

心智研究虽然是"世界之结"，但科学的目的就是"解结"。

人类调动抽象意识，发挥智能优势，终将找到"解结"的方案。

结语　物质的法则及其他

多年来，我一直在思考心智源流的问题，搜寻这方面的资料，前前后后整理了几万字的笔记。我也曾试着动笔写作，但进展一直不大。新冠疫情暴发后，为遏制病毒的传播，政府采取了积极有效的应对措施，要求居民减少外出。疫情暴发是全人类的不幸，但我也因此有了整段的时间，得到一个写作的机会。由于有思考积累，很快就完成了初稿。这对我来说，也算是不幸中的幸运吧。

初稿完成时，世卫组织已经宣布新冠疫情为全球大流行。全世界已有数亿人感染，数百万人失去了宝贵的生命。纳米级的小小病毒，为什么如此厉害？拥有高阶意识、拥有发达智能的我们，为什么干不过毫无意识的病毒？是因为我们还不够智能吗？还是因为我们选择的严重依赖意识和智能的生存方式有问题？

病毒依赖反映"通观"世界，它们获得一个"病毒的世界"。同理，低级动物依赖感觉"通观"世界。其他高级动物则依赖意识"通观"世界，它们获得一个"动物的世界"。只有现代人依赖智能通观世界，我们获得一个"人的世界"——大致等同于现行宇宙。

每一种生命都有其优势和不足，生命演化出的"通观"世界的方式，也有其优势和不足。人类必须要认识到，心智也有其优势和不足。夸大心智的优势，甚至神话和神化心智，是错误的。意识不过是一种NES物质，其他高级动物也有意识。虽然只有人有智能，但智能也不过是一种NES物质，智能也不过是一种高阶意识。

我们在心智进化的高速路上开着智能的进化跑车，语言、文字是跑车的轮毂，抽象意识是跑车的燃料。人类严重依赖着语言、文字、抽象意识这三大"法宝"，以及由"法宝"外化而来的各种工具。我们不可能自毁"三宝"，我们只能继续跑下去。未来，如果掌握了心智的终极秘密，有幸拿到了进化的"钥匙"、控制了进化的"开关"，那么，人类的跑车会不会更新换代为火箭，我们的进化会不会狂飙不止？

我想会的。

相较于已经逝去的人们，我们这一代人虽然并没有活得更长久，但显然活得更丰富。我们享受过收音机、录音机、电影、电视；见识过导弹、火箭、人造卫星、宇宙飞船；使用过电脑、手机、自动驾驶、人工智能……毫无疑问，未来的人们只会比我们活得更丰富。我们大概是没有机会将跑车更新换代为火箭的了。但对将来的"跑车驾驶员"、未来的"火箭驾驶员"，还是有几句老生常谈要讲。

第一，永远对心智毒驾、心智醉驾说不。

心智毒驾、心智醉驾，就是指滥用心智药物、滥用心智物质。如果掌握了心智这种物质的终极秘密，但同时我们的财富观、金钱观、伦理观、法律意识没有配套，那么大概率会出现心智药物泛滥。滥用心智药物也就是心智毒驾、心智醉驾，将是未来智能社会的最大威胁。我们凭借聪明才智翻开了自然界的最后一张"底牌"，认识到心智是物质的，世界是物质的，但最终却可能因为滥用物质而毁灭物质世界。因此，现在就要思考如何规范对心智物质的研究、开发、利用，底线至少是要永远对心智毒驾、心智醉驾说不。

第二，永远保持对物质的敬畏。

世界是物质的，我们也是物质的，我们是自然界物质催发而生成的。自然界物质首先催发了我们对水、对空气、对有机物、对无机物的实物物质反映能力，随后催发了我们对电子式、对辐射、对声波的非实物物质反映能力，接着进一步催发了我们对NES物质的感觉能力、意识能力和智能能力。我们应当，也必须，且只能遵从物质的法则。我们要永远保持对人的敬畏、对动物的敬畏、对植物的敬畏、对细菌的敬畏、对病毒的敬畏、对实物物质的敬畏、对非实物物质的敬畏，这其实就是对物质世界的敬畏。体现在行动上，那就是要珍惜非实物物质、珍惜实物物质、尊重病毒、尊重细菌、尊重微生物、保护植物、保护动物、爱护所有的人。

第三，坚持梦想，哪怕是为了性而不要命。

性比命贵！我们认为人类种群的性高于、优先于个人的命，这是自然的物质法则。我们已经认识到宇宙的一些运动规律，很清楚毁灭性的剧变随时可能发生。地球生命灭绝了好几次，最近的一次是以恐龙灭绝为代表的。就像法国古生物学家居维叶所说："地球上的生命会像法国的统治者那样，被突如其来的变革全部抹去。"如果对此无动于衷、拒不采取措施，那么我们不停地开发智能又有何用呢？具体到行动上，一方面要保护人类种群的基因多样性，不能随便开展破坏基因的实验。另一方面，必须坚持梦想，持续攻坚星际移民。生命从"原始汤"出发开始生境扩张，不断占领地球海陆空生境，进而占领外太空生境，这是生命进化的使命。所有物种中，只有人类有希望完成这一使命。人类的生境一直在变，从痛别丛林密林（树冠），到稀树草原（山洞），到种植平原（村镇），到河海湾区（城市群）。未来把星际移民点（密封舱）改造为适宜生境，也没什么不好接受的。

最后，感谢我的家人，他们克服了抗疫期间的种种不便给了我最大的物质支持。他们还鼓励我赶紧写完这本书，说是等着第一个阅读呢！我把此书献给他们。

科学万岁！物质法则万岁！这两句口号作为本书的结语是再合适不过了。亦以为跋。

参考文献

［1］庄子. 庄子［M］. 孙通海，译注. 北京：中华书局，2007.

［2］老子. 老子［M］. 饶尚宽，译注. 北京：中华书局，2006.

［3］戴圣. 礼记［M］. 胡平生，张萌，译注. 北京：中华书局，2017.

［4］诗经［M］. 王秀梅，译注. 北京：中华书局，2006.

［5］论语［M］. 张燕婴，译注. 北京：中华书局，2006.

［6］易经［M］. 郭彧，译注. 北京：中华书局，2006.

［7］奥古斯丁. 忏悔录［M］. 周士良，译. 北京：商务印书馆，1963.

［8］卢克莱修. 物性论［M］. 方书春，译. 北京：商务印书馆，1981.

［9］恩格斯. 家庭、私有制和国家的起源［M］. 中共中央马克思恩格斯列宁斯大林著作编译局，编译. 北京：人民出版社，2018.

［10］达尔文. 物种起源［M］. 舒德干，译. 北京：北京大学出版社，2018.

［11］达尔文. 人类的由来［M］. 潘光旦，胡寿文，译. 北京：商务印书馆，2011-5.

［12］斯蒂芬·霍金. 时间简史［M］. 许明贤，吴忠超，译. 湖南：湖南科学技术出版社，2018.

［13］西格蒙德·弗洛伊德. 梦的解析［M］. 孙名之，译. 北京：国际文化出版公司，2001.

［14］西格蒙德·弗洛伊德. 图腾与禁忌［M］. 赵立玮，译. 上海：上海人民出版社，2005.

［15］黑格尔. 美学［M］. 朱光潜，译. 北京：商务印书馆，1997.

［16］史蒂芬·平克. 心智探奇：人类心智的起源与进化［M］. 郝耀伟，译. 浙江：浙江人民出版社，2016.

［17］伦纳德·蒙洛迪诺. 思维简史：从丛林到宇宙［M］. 龚瑞，译. 北京：中信出版集团，2018.

［18］斯塔夫里阿诺斯. 全球通史：从史前史到21世纪［M］. 吴象婴，梁赤民，董书慧，等译. 北京：北京大学出版社，2012.

［19］伊丽莎白·阿伯特. 婚姻史［M］. 孙璐，译. 北京：中央编译出版社，2014.

［20］威廉·曼彻斯特. 光荣与梦想［M］. 四川外国语大学翻译学院翻译组，译. 北京：中信出版集团，2015.

［21］阿什利·万斯. 硅谷钢铁侠［M］. 周恒星，译. 北京：中信出版集团，2016.

［22］尤瓦尔·赫拉利. 人类简史：从动物到上帝［M］. 林俊宏，译. 北京：中信出版集团，2014.

［23］尤瓦尔·赫拉利. 未来简史：从智人到智神［M］. 林俊宏，译. 北京：中信出版集团，2017.

［24］尤瓦尔·赫拉利. 今日简史：人类命运大议题［M］. 林俊宏，译. 北京：中信出版集

团，2018.

[25] O. A. 魏勒. 性崇拜 [M]. 史频，译. 北京：中国文联出版公司，1988.

[26] 塞缪尔·亨廷顿. 文明的冲突 [M]. 周琪，译. 北京：新华出版社，2017.

[27] 亚瑟·叔本华. 作为意志和表象的世界 [M]. 石冲白，译. 北京：商务印书馆，1982.

[28] 埃米尔·涂尔干. 自杀论：社会学研究 [M]. 冯韵文，译. 北京：商务印书馆，1996.

[29] 弗里德里希·尼采. 悲剧的诞生 [M]. 周国平，译. 上海：生活·读书·新知三联书店，1986.

[30] 费孝通. 乡土中国 [M]. 北京：人民文学出版社，2019.

[31] 邓晓芒. 哲学起步 [M]. 北京：商务印书馆，2017.

[32] 段德智. 死亡哲学 [M]. 北京：商务印书馆，2017.

[33] 沈福伟. 中西文化交流史 [M]. 上海：上海人民出版社，2006.

[34] 陈顾远. 中国婚姻史 [M]. 北京：商务印书馆，2014.

[35] 曹天元. 上帝掷骰子吗 [M]. 沈阳：辽宁教育出版社，2006.

[36] 曹雪芹，高鹗. 红楼梦 [M]. 北京：人民文学出版社，1996.

[37] 金庸. 射雕英雄传 [M]. 广州：广州出版社，2013.

[38] 陈忠实. 白鹿原 [M]. 北京：人民文学出版社，1997.

[39] 罗曼·罗兰. 名人传 [M]. 傅雷，译. 南京：译林出版社，2010.

[40] 普鲁斯特. 追忆似水年华 [M]. 李恒基，徐继曾，桂裕芳，等译. 南京：译林出版社，2012.

[41] 汪凤炎. 汉语"心理学"一词是如何确立的 [J]. 心理学探新. 2015，35（3）：195-201.

[42] 剑桥宣言：关于意识 [C]. 英国：剑桥大学纪念弗朗西斯·克里克会议，2012.

[43] 克里斯·巴克，凯文·利玛. 人猿泰山 [Z]. 美国：迪士尼影片公司，1999.

[44] 宫崎骏. 千与千寻 [Z]. 日本：东宝映画，2001.

[45] 叶伟民，王晶. 百变星君 [Z]. 中国香港：永盛电影制作有限公司，1995.

[46] 郭在容，山本又一郎. 我的女友是机器人 [Z]. 日本：GAGA Communications，2008.

图表来源

图1、图2、图3、图4、图8、图11、图16、图17、图18、图19、图20、图23，作者制图。

图5 ©Duncan Wright,CC BY-SA 3.0.

图6 谢平. 探索大脑的终极秘密［M］. 北京：科学出版社，2018：51.

图7 ©Yosemite,CC BY-SA 3.0.

图9 吴秀杰. 化石人类脑进化研究与进展［J］. 化石，2005（1）:8.

图10 周义钦. 高中地理同步学习精要［M］. 上海：中华地图学社，2020：98.

图12 ©Gutenberg Encyclopedia,CC BY-SA 3.0.

图13 莫奈. 干草垛（雪后）[OL].https://www.wikiart.org/en/claude-monet/grainstacks-in-the-morning-snow-effect.

图14 康定斯基. 构图八号[OL].https://www.wikiart.org/en/wassily-kandinsky/composition-viii-1923.

图15 朱清时. 科学［M］. 杭州：浙江教育出版社，2012：108.

图21 伦纳德·蒙洛迪诺. 思维简史：从丛林到宇宙［M］. 龚瑞，译. 北京：中信出版集团，2018：175.

图22 ©MatthiasKabel,CC BY 2.5.

图24 ©何一非,CC BY 4.0.

图25 理查德·扎克斯. 西方文明的另类历史［M］. 李斯，译. 海南：海南出版社，2002：176.

图26 ©Marcin n,CC BY-SA 3.0.

表1、表2、表3、表4、表5、表6、表7，作者制表。